Stephan Gerd Meyer

Die spirituelle Kraft der Selbstständigkeit

- *Erfolgreiche Existenz gründen*
- *Berufliche Entwicklung fördern*
- *Persönliche Erfüllung finden*

Mit Arbeitsbögen zum Selbst-Coaching

Haben Sie Fragen an den Autor?
Anregungen zum Buch?
Erfahrungen, die Sie mit anderen teilen möchten?

Nutzen Sie unser Internetforum:
www.mankau-verlag.de

mankau

Bibliografische Information der Deutschen Nationalbibliothek
Die Deutsche Nationalbibliothek verzeichnet diese Publikation in der Deutschen Nationalbibliografie; detaillierte bibliografische Daten sind im Internet über http://dnb.d-nb.de abrufbar.

Stephan Gerd Meyer
Die spirituelle Kraft der Selbstständigkeit
• Erfolgreiche Existenz gründen
• Berufliche Entwicklung fördern
• Persönliche Erfüllung finden
Mit Arbeitsbögen zum Selbst-Coaching

ISBN 978-3-86374-120-4
1. Auflage 2013

Mankau Verlag GmbH
Postfach 13 22, D-82413 Murnau a. Staffelsee
Im Netz: www.mankau-verlag.de
Internetforum: www.mankau-verlag.de/forum

Redaktion: Dr. Thomas Rosky, München
Endkorrektorat: Susanne Langer M. A., Traunstein
Gestaltung Umschlag: Andrea Barth,
Guter Punkt GmbH & Co. KG, München
Gestaltung Innenteil: Sebastian Herzig, Mankau Verlag GmbH

Druck: Druckerei C. H. Beck, Nördlingen

FSC www.fsc.org MIX Papier aus verantwortungsvollen Quellen FSC® C019821

Ich danke allen,
die zur Entstehung dieses Buches
beigetragen haben.

Inhalt

Vorwort

Dieses Buch ist für alle Menschen geschrieben, die auf dem Weg sind in ein berufliches und persönliches Selbstständigsein, das neben dem finanziellen Erfolg auch Entwicklung und Erfüllung bringt.

Es beruht auf meinen persönlichen Erfahrungen aus mehr als 15 Jahren Selbstständigkeit und mehr als 30 Jahren Berufserfahrung in meiner Arbeit mit Menschen und für Menschen. Schließlich lebt das Buch insbesondere von den Erfahrungen meiner Klienten aus den letzten zehn Jahren, für die ich als integraler Unternehmer- und Gründercoach arbeite. Ihnen und allen, die sich künftig für den Weg in die Selbstständigkeit entscheiden, ist das Buch gewidmet.

Die Selbstständigkeit als Arbeits- und Lebensform hat sich in den letzten zwanzig Jahren wesentlich verändert. Bisher waren die typischen Selbstständigen solche Menschen, die rund um die Uhr für ihre Firma arbeiten, vorwiegend kaufmännisch und gewinnorientiert denken und handeln, gut verdienen, Angestellte haben, immer unter Strom stehen und es zu einem gewissen Ansehen in ihren regionalen gesellschaftlichen Kreisen bringen. Die eigene Gesundheit und die Familie stehen dabei häufig hintenan, weil es eben nicht anders geht.

Diese neue Form der Selbstständigkeit, die immer häufiger vorkommt und dem Großteil der heutigen Existenzgründungen entspricht, beruht in einem viel höheren Maße auf den individuellen Interessen und Talenten der Gründer, auf Zufriedenheit und Lebensqualität, einer großen persönlichen Freiheit, kooperativen Arbeitsformen ohne Angestellte, flexiblen Arbeitszeiten und -orten. Diese „Firmen“ sind häufig Einzelunternehmen oder Freiberufler. Die Buchführung macht ein Steuerbüro. Das primäre Interesse liegt nicht im Geldverdienen, sondern in der Verwirklichung von Zielen, die eng mit den persönlichen Idealen und Motivationen der Gründer verknüpft sind. Natürlich soll aus dieser Tätigkeit der eigene Lebensunterhalt bestritten werden, aber die reine Gewinnmaximierung als Unternehmensziel ist zunehmend unattraktiver geworden.

Noch ist ein Großteil der Informationsquellen für Existenzgründer und Selbstständige dem alten Bild des Selbstständigseins verhaftet: Literatur und Medien, Förderprogramme, Forschung, Institutionen und Behörden orientieren sich weitgehend an der betriebswirtschaftlichen Ausrichtung von Unternehmensgründungen sowie deren Aufbau und Leitung. Demgegenüber steht die Realität, in der wirtschaftliches Denken und Handeln nur noch einer von mehreren entscheidenden Faktoren für die Motivation und den Erfolg von Selbstständigen ist. Mindestens genauso wichtig sind heute soziale und ökologische Verantwortung, persönliches Wachstum, Nutzen und Sinn des eigenen Schaffens und das Verständnis, dass die Arbeit ein wesentlicher Teil des Lebens ist und deshalb Qualitäten haben muss, die auch mit den privaten Ansprüchen kompatibel sind. Der Begriff „work-life-balance“ ist aus dieser Sichtweise überholt, da es sich bei Arbeit und Leben nicht mehr um gegensätzliche Pole handelt, sondern um Bestandteile desselben Ganzen. Moderne Selbstständige integrieren ihre persönlichen Überzeugungen und Entwicklungen in den Arbeitsalltag, anstatt sie nur nach Feierabend zu leben.

Immer mehr Menschen können sich deshalb vorstellen, dass das Selbstständigsein für sie eine geeignete Arbeits- und Lebensform darstellt. Vor allem junge Gründer sehen darin die beste Möglichkeit, ihr Leben nach ihren Wünschen und Bedürfnissen zu gestalten. Deutschland steht bei dieser Entwicklung in Europa dennoch auf einem der letzten Plätze, weil viele bürokratische Hürden den Eintritt in die Selbstständigkeit erschweren. Das sollte aber kein Grund zum Zögern sein, sondern es ist eine der ersten großen Herausforderungen, sich nicht zu sehr durch äußere Faktoren von der Verwirklichung der eigenen Träume abhalten zu lassen. Mit Geschick, Beweglichkeit und Beharrlichkeit lassen sich diese Hürden nehmen, was dazu führt, dass die unternehmerische Persönlichkeit immer weiter reift und der persönliche Handlungsspielraum kontinuierlich wächst. Und dafür lohnt es sich!

Wie man mit diesem Buch arbeitet

Alle Kapitel im Buch sind ähnlich aufgebaut: Zuerst wird das Thema aus verschiedenen Blickwinkeln beleuchtet, dann durch ein Praxisbeispiel aus dem realen Leben illustriert und schließlich durch die Fragen zur Selbsteinschätzung auf den Punkt gebracht.

Am meisten hast du von diesem Buch, wenn du es nicht nur liest, sondern auch die notwendige Zeit und Energie investierst, um die Fragen zu beantworten.

- → Du kannst die Antworten direkt ins Buch, auf ein leeres Blatt Papier bzw. in eine Datei schreiben. Oder du kopierst bzw. scannst die Seiten mit den Fragen und schreibst die Antworten dann auf den Ausdruck.
- → Die Fragen solltest du spontan beantworten, ohne lange darüber zu grübeln. Dann kann deine Intuition helfen, ein möglichst ehrliches Bild deiner Motive und Eigenschaften entstehen zu lassen.
- → Solltest du bei einigen Fragen dennoch hängen bleiben und länger nach einer guten Antwort suchen müssen: Sei hier besonders aufmerksam! Denn diese Fragen sind für dich am wertvollsten! Hier geht es offensichtlich um ein Thema, das für dich verschiedene Facetten hat und da-

her nicht so schnell zu beantworten ist. Finde heraus, was dich zögern lässt – denn genau da wird es spannend.

→ Wenn du dein Selbstbild mit einer oder mehreren Außenansichten vergleichst, steigt die Wahrscheinlichkeit, dass ein realistisches Gesamtbild entsteht. Dazu kannst du Personen, die dich gut kennen, bitten, die Fragen für dich zu beantworten. Beim anschließenden Vergleich ihrer Antworten mit deinen eigenen wirst du sowohl Bestätigungen als auch Unterschiede finden. Beide dann gemeinsam zu besprechen bringt dir wertvolle Erkenntnisse und Ergebnisse.

Berufliches und persönliches Wachstum

Den eigenen Weg zu finden und ihn konsequent zu gehen ist eine Herausforderung, die immer wieder neu entsteht. Ein ganz besonderer Weg ist in diesem Sinne die Selbstständigkeit, weil sie die Möglichkeit bietet, berufliches und persönliches Wachstum miteinander zu verbinden. Zum spirituellen Weg wird sie, indem du sie durch deine Haltung und dein Handeln dazu machst. Sie ist eine Lebensform, die viel fordert und noch mehr gibt.

Mein Weg

Mir war schon früh klar, dass ich nicht angestellt, sondern selbstständig arbeiten möchte. Die Erkenntnis kam nicht aus meinem Elternhaus - mein Vater war Beamter und meine Mutter angestellte Optikermeisterin -, sondern resultierte aus meinem Freiheitsstreben.

Meine Jugendjahre als Pfadfinder haben mich gelehrt, welche Dimensionen selbstständiges Denken und Handeln haben kann. Die Tätigkeiten, Werte und pädagogischen Ziele dieser christlichen Jugendorganisation waren stark am Leben in und mit der Natur ausgerichtet. Verantwortung für sich selbst, die anderen und die Welt als Ganzes war ein zentrales Thema.

Das habe ich umgesetzt, so gut ich konnte, und das tue ich heute noch. Konsequent, engagiert und mit dem Anspruch, nachhaltige Wirkungen zu erzielen. Etliche Umbrüche und Veränderungen haben mich immer wieder gefordert, genau wahrzunehmen, was in dem Augenblick richtig und falsch für mich ist. Ich musste meine Möglichkeiten vergleichen und bewerten, meine Potenziale einschätzen, mich mit meinen Ängsten konfrontieren, Entscheidungen treffen und sie dann konsequent umsetzen.

Seit vielen Jahren fühle ich mich im Schamanismus zu Hause. Durch einfache Rituale bekomme ich Zugang zu den Kräften der Natur und meinen eigenen, die mir dabei helfen, Körper, Geist und Seele immer wieder zu reinigen und zu

→ *Nutze deine Potenziale und übernimm Verantwortung!*

→ *„Reinige" dich regelmäßig und regeneriere deine Kräfte!*

stärken. So kann ich Unnützes und Hinderliches auf allen Ebenen verabschieden, mein Selbst wächst, und ich bin immer in Verbindung mit all den Wesen und Kräften, ohne die das Leben nicht vorstellbar ist.

Meinen eigenen Weg zu gehen, konsequent und kraftvoll, sensibel und behutsam, mit Respekt und Würde – das sind meine Absicht, mein Auftrag und mein Ziel.

Spirituelle Selbstständigkeit leben

Wer einen spirituellen Weg beschreitet, hat die Entscheidung getroffen, ihn zu gehen. Ist die Entscheidung gefallen, gibt es kein Zurück mehr – und genau das ist das Besondere an diesem Weg. Wer den Jakobsweg geht, hat sich die Strecke und ihre Herausforderungen bewusst ausgesucht, er geht kalkulierbare Risiken ein, überwindet sich selbst immer wieder und geht Schritt für Schritt voran. Dadurch entstehen Erlebnisse, Erfahrungen, Begegnungen und Erkenntnisse, die nur durch das Voranschreiten möglich werden. Sie dienen der Einkehr und Besinnung, der Selbstfindung und dem TUN – der praktischen Handlung für die Allgemeinheit. Das ist die Gemeinsamkeit aller spirituellen Wege, gleich, ob es sich dabei um Schamanismus, Buddhismus, Christentum oder einen anderen Weg handelt.

Genauso verhält es sich mit dem Selbstständigsein, wenn es als spiritueller Weg gegangen wird: Es gibt die bewusste Entscheidung für diese Lebens- und Arbeitsform, die Bereitschaft zum Wachsen, die Lust auf Abenteuer, die Offenheit für das Unerwartete, die Kraft zum Aufstehen und Weitergehen und das Vertrauen in die unendlich vielen Möglichkeiten. Die Achtsamkeit, alles was einem geschieht und begegnet, als hilfreich wahrzunehmen und im Sinne des eigenen Erfolgs einzusetzen, führt dann auch dazu, dass es gleichzeitig ein Erfolg für andere ist. Von daher hat jedes Selbstständigsein das Potenzial zum spirituellen Weg – er wird dazu durch deine Entscheidung, ihn zu gehen.

→ *Geh deinen Weg – er gibt dir Sinn und Erfüllung!*

→ *Sei achtsam mit allem, was dir geschieht und begegnet!*

Freude an Veränderung

Wer zufrieden ist, braucht nicht, wer neugierig ist, möchte gerne, und wer ausgelaugt oder frustriert ist, muss etwas verändern. Wo stehst du? Veränderung macht Angst, das ist bei den meisten Menschen so, weil dadurch Unbekanntes ins Leben tritt. Angst kann lähmen oder beflügeln, je nachdem, wie stark sie ist und wen sie trifft. Angst offenbart, wo die persönlichen Grenzen liegen. Im spirituellen Sinne wird es genau hier interessant: Nicht in der Mitte der Komfortzone pulsiert das Leben, sondern an den Rändern, da, wo es ungemütlich wird, wo du gefordert wirst. Hier wird das Außergewöhnliche geboren, hier offenbart sich Stärke, Persönlichkeit und Einzigartigkeit. Routine funktioniert nicht in der Veränderung, es braucht Beweglichkeit und Mut. Selbstvertrauen hilft dabei, Neues zu bewältigen, es entsteht aber auch genau dadurch. Nirgends werden diese Eigenschaften mehr aktiviert als im Selbstständigsein, weil es hier um die eigene Existenz geht. Es ist kein Spiel, es ist ernst und es hat Konsequenzen mit existenziellen Ausmaßen. Es geht um das Leben selbst. Ich will damit nicht sagen, dass das automatisch in jeder Selbstständigkeit der Fall ist – natürlich lassen sich diese Grenzgänge auch vermeiden, versichern und umgehen. Wer sie aber sucht und wertschätzt, kann sie nirgends authentischer und intensiver finden als im beruflichen Selbstständigsein. Weil es pures Leben in einer verdichteten Form ist, wenn du es zulässt.

→ Lerne deine Grenzen kennen und respektiere sie!

→ Veränderung erzeugt Lebendigkeit.

Porträt: Von der Heilung zur Heilerin

Seit 17 Jahren ist Andrea selbstständige Heilpraktikerin. Sie arbeitet in zwei eigenen Praxen in verschiedenen Städten, leitet Gesundheitskurse und -seminare, hält Vorträge zu naturheilkundlichen Themen und verkauft gesundheitsfördernde Produkte.

Ihr Weg in die Selbstständigkeit begann mit einer schweren, lebensbedrohlichen Erkrankung, die sich plötzlich und unerwartet bemerkbar gemacht hatte. Damals brach ihr engagiertes, aber unbeschwertes Leben zusammen, als sie merkte, dass die Ärzte ihr Behandlungen empfahlen, denen sie selbst kaum Erfolgsaussichten beimaßen. Die Suche nach Alternativen brachte die damalige Drogistin zur Naturheilkunde, deren Mittel ihr sehr wirkungsvoll dabei halfen, ihre Selbstheilungskräfte zu aktivieren und vollständig gesund zu werden.

Auf diesem Weg wurde es Andrea wichtig, neue persönliche Perspektiven, einen anderen Lebensstil und einen bewussteren Umgang mit sich selbst zu entwickeln. Sie wurde konsequente Vegetarierin und absolvierte mit Erfolg die Ausbildung zur Heilpraktikerin. In der Folge gründete sie ihre eigene Praxis und ein Gesundheitszentrum für Naturheilverfahren.

Andrea gibt ihrer Liebe zur Natur immer mehr Raum, indem sie Heilkräuter sammelt, anbaut und zubereitet. Und sie nutzt altes Wissen zur biologischen Herstellung und Haltbarmachung von Lebensmitteln, wie z.B. Essigen, Gemüsekonserven, Gewürzen, Brot, Tees etc. Für die Verbindung mit den natürlichen Kräften initiiert sie Schwitzhütten und Jahreskreisfeste. Ihr Haus, in dem sich eine der beiden Praxen befindet, wurde im Laufe der Jahre zum lebendigen Ort der

Begegnung. Sie hilft ihren Patienten, gesund und vital zu sein, indem sie ihre persönlichen Erfahrungen und Erkenntnisse professionalisiert hat – ihr privater Alltag ist die wichtigste Inspirationsquelle für die beruflichen Herausforderungen und Entscheidungen. Andersherum wird auch ihr persönliches Leben immer mehr geprägt von den Begegnungen und Inhalten, die der Beruf ihr präsentiert.

Es war Andrea nie wichtig, beruflich selbstständig zu sein, um dadurch bestimmte Möglichkeiten oder Vorteile zu haben. Es hat sich einfach so ergeben, weil sie als Heilpraktikerin gar keine andere Wahl hatte. Natürlich passt diese Lebens- und Arbeitsform gut zu ihrem Bestreben, die Dinge, die sie betreffen, auch selbst in die Hand zu nehmen. Andrea sagt bis heute, dass sie sich grundsätzlich auch vorstellen kann, wieder angestellt zu sein, wenn bestimmte Freiräume und Umstände gegeben sind, die ihr wichtig geworden sind. Dazu gehört für sie, die Initiative zu ergreifen, sich verantwortlich zu zeigen für das eigene Handeln, Probleme und Missstände zu artikulieren, sie zügig zu beheben und ergebnisorientiert zu arbeiten.

Fragen zur Selbsteinschätzung

Wie zufrieden bist du mit deiner derzeitigen beruflichen Situation?

Sehr unzufrieden	1
Unzufrieden	2
Geht so	3
Zufrieden	4
Sehr zufrieden	5

Wie viel Prozent deiner Wochenarbeitszeit tust du das, was du wirklich am besten kannst?

20 Prozent	1
40 Prozent	2
60 Prozent	3
80 Prozent	4
100 Prozent	5

Was würde besonders stark zu einer Verbesserung deiner beruflichen Situation beitragen?

	min. – max.
Veränderung deiner inneren Haltung	1–2–3–4–5
Veränderung der äußeren Bedingungen	1–2–3–4–5
Mehr Mut zum Risiko	1–2–3–4–5
Mehr Vertrauen in dein Potenzial	1–2–3–4–5
Mehr Vertrauen in Glück/Fügung	1–2–3–4–5

Was müsste passieren, damit du die Selbstständigkeit als spirituellen Weg erfährst?

Will ich gar nicht ❶
Würde ich gerne, weiß aber nicht wie ❷
Neue Selbstständigkeit gründen ❸
Bestehende Selbstständigkeit verändern ❹
Ist schon so ❺

Wie gut gelingt es dir, aus Zufällen, Unfällen und anderen Ereignissen, die du nicht direkt beeinflussen kannst, einen positiven Nutzen zu ziehen?

Nie ❶
Manchmal ❷
Regelmäßig ❸
Häufig ❹
Immer ❺

Beantworte jede Frage und notiere die jeweilige Zahl hinter der Antwort. Die Summe der Zahlen ergibt dein Ergebnis:

9 - 20: Selbstständigkeit als spiritueller Weg scheint derzeit kein Thema für dich zu sein. Das ist schade, aber deine eigene Wahl.

21 - 33: Du bist auf einem guten Weg zu mehr persönlichem und beruflichem Wachstum. Gehe ihn weiter, es lohnt sich bestimmt!

34 - 45: Dein berufliches Leben erfüllt dich – herzlichen Glückwunsch! Was kann jetzt noch besser werden?

Die Persönlichkeit erfolgreicher Selbstständiger

Was macht Selbstständige erfolgreich? Wer ist dafür geschaffen und wer nicht? Bestimmte Persönlichkeitseigenschaften sind entscheidend, und wer es möchte, kann sie trainieren. Für immer mehr Selbstständige liegt der Erfolg neben den positiven finanziellen Ergebnissen in der Zufriedenheit mit dem eigenen Tun. Je besser du deine Stärken und Potenziale selbst einschätzen kannst, umso einfacher und erfüllender wird die Entwicklung deiner Geschäfte sein.

Erfolgseigenschaften

Born or made? Sind es angeborene oder erlernte Fähigkeiten und Fertigkeiten, Persönlichkeitsmerkmale und Talente, die Selbstständige erfolgreich sein lassen? Diese Frage steht immer wieder im Zentrum der Forschung über „Entrepreneurship", ein Wort, das nur unzureichend ins Deutsche übersetzt werden kann, am ehesten vielleicht mit „Unternehmertum". Doch dieser deutsche Begriff klingt zu sehr nach schwarzen Anzügen, schweren Limousinen, Zigarrenlounges und Millionenumsätzen. „Entrepreneurship" ist im gesamten englischen Sprachraum ein weit verbreiteter und sehr positiv besetzter Begriff, der daher immer häufiger auch hierzulande benutzt wird, um die Qualitäten des unternehmerischen Denkens und Handelns, unabhängig von der Unternehmensgröße, zu beschreiben.

Welche Eigenschaften für den längerfristigen Erfolg von Selbstständigen verantwortlich sind, ist Gegenstand wissenschaftlicher Forschung. Die Forschungsergebnisse decken sich mit den praktischen Erfahrungen vieler Selbstständiger, Unternehmensberater und Gründercoaches. Im Wesentlichen tragen demnach die unternehmerischen Persönlichkeits- und Tiefenkompetenzen dazu bei, dass das Selbstständigsein dauerhaft gut funktioniert.

Außerdem spielt der Umgang mit anderen Menschen eine große Rolle, zuallererst was die Kundenkontakte betrifft (Aufträge akquirieren, Kunden zufriedenstellen,

→ Denke und handle unternehmerisch!

→ Entwickle deine unternehmerischen Kompetenzen!

Kontakte pflegen). Aber auch vom Umgang mit kooperierenden Geschäftspartnern, freien oder angestellten Mitarbeitern, Lieferanten, Vermietern, Dienstleistern etc. ist der Erfolg der selbstständigen Tätigkeit direkt abhängig. Je besser diese Beziehungen funktionieren und gepflegt werden, desto besser kann sich ein Geschäft positionieren, entwickeln und wachsen.

Spannend sind in diesem Zusammenhang die in den letzten Jahren zunehmend in den Blickpunkt geratenen unterschiedlichen Formen der Intelligenz, was zu einer ganzheitlicheren Betrachtung von Eigenschaften und Talenten führte. Der intellektuellen Intelligenz, die in den herkömmlichen Intelligenztests ermittelt wird, steht die emotionale Intelligenz gegenüber. Sie beruht darauf, Gefühle wahrzunehmen, zu nutzen, zu verstehen und zu beeinflussen. Sie beschreibt die Vertrautheit und den bewussten Umgang mit der eigenen Gefühlswelt und der von anderen Menschen. Dem fügt die soziale Intelligenz noch die bewussten und unbewussten Fähigkeiten hinzu, Beziehungen zu gestalten. Die spirituelle Intelligenz schließlich umfasst Eigenschaften wie Weisheit, Gewissen, Sinngebung und Inspiration.

Je stärker die genannten Eigenschaften ausgeprägt sind, umso besser sind die Chancen, langfristig erfolgreich zu werden. Sie müssen nicht alle schon vor Beginn der Selbstständigkeit vorhanden sein, sondern können durch die täglichen Anforderungen auch geweckt und trainiert werden!

Was ist Erfolg?

Erfolg ist die Folge von etwas, d.h. ein Resultat. Damit ist Erfolg eine wichtige Maßeinheit dafür, inwieweit das, was du tust, die gewünschten Ergebnisse bringt. Die zentrale Maßeinheit für geschäftlichen Erfolg ist Geld. Je mehr Geld du also verdienst, desto erfolgreicher bist du im Sinne des betriebswirtschaftlichen Denkens. Es lohnt sich durchaus, diese Logik zu hinterfragen, z.B. zu überlegen, ob man das Geld, das man bekommt, auch tatsächlich verdient. Das ist dann eine Frage der eigenen und gegenseitigen Wertschätzung, von Fairness, Gerechtigkeit, Ehrlichkeit und weiteren Werten, die in den letzten Jahren zum Glück zunehmend Einzug in die Wirtschaft halten.

„Wir dürfen die Wirtschaft nicht den Ökonomen überlassen", sagt Professor Günter Faltin, Entrepreneurship-Forscher und Autor von *Kopf schlägt Kapital*, und meint damit, dass Kreativität für eine erfolgreiche Unternehmensgründung viel wichtiger sein kann als betriebswirtschaftliches Fachwissen. Die Qualität der Geschäftsidee und die richtige Strategie sind seiner Erfahrung nach wesentliche Erfolgsfaktoren, damit eine Unternehmung gelingen kann. Unternehmung ist auch der zutreffende Begriff für modernes Selbstständigsein, das sich immer häufiger nicht als Unternehmen in Form von Fabriken oder Büroetagen manifestiert, sondern teilweise nur vom (geleasten) Laptop aus betrieben wird, welcher auf einem Schreibtisch steht, der ebenfalls

→ *Lebe deine Werte und lass andere daran teilhaben!*

→ *Verdiene das Geld, das du bekommst!*

nicht einmal der eigene sein muss. Büros werden virtuell, die Kommunikation ist digital – neue Geschäftsformen, die im Bereich der Dienstleistungen neue intelligente Services ermöglichen, die flexibel sind und ohne große Mengen an Kapital entstehen können.

„People – Planet – Profit" ist das Credo von „Social Business", einer neuen Bewegung, die Geld damit verdient, den Menschen und der Erde zu dienen. Verdienen als Folge von Dienen, eine Werteorientierung mit spirituellem Ansatz. Hier werden soziale Probleme gelöst durch Geschäftsideen und -formen, die es nicht dem Staat überlassen, die Entwicklung der Gesellschaft zu verantworten und durch Subventionen zu finanzieren. Das eigene Engagement, das eine klare finanzielle Gewinnerzielungsabsicht hat, steht im Vordergrund.

Wie gut verträgt sich Geldverdienen mit der persönlichen Werteorientierung und spirituellen Ausrichtung? Walter Lübeck stellt in seinem Buch *Das Tao des Geldes* gute Fragen zum liebevollen und bewussten Umgang mit Geld und beschreibt den Zusammenhang von Reichtum, Besitz, Arbeit und Persönlichkeit sehr bodenständig. Eine wesentliche Essenz des Buches heißt „Money is love in action".

Porträt: Schwerbehinderte Unternehmerin in eigener Sache

Nach vielen Jahren des Wechsels von kurzfristigen Anstellungen und Arbeitslosigkeit hatte Carlén die Nase voll davon, ausgenutzt zu werden. Carlén ist Diplom-Sozialpädagogin und von Geburt an schwerbehindert. Sie wurde immer wieder angestellt, solange es dafür finanzielle Förderungen gab. Nach deren Ablauf lief auch die Anstellung aus, eine häufige Praxis kleinerer Unternehmen, die nur so lange an der Arbeitskraft ihrer Angestellten interessiert sind, wie sie deren Wert nutzen können, ohne den Gegenwert selbst aufbringen zu müssen.

Carlén lebt selbstbestimmt als alleinerziehende Mutter und benötigt aufgrund ihrer körperlichen Behinderung für die meisten Alltagsverrichtungen Hilfe. Dafür gibt es persönliche Assistenten, die von den Menschen mit Behinderung selbst oder von Pflegediensten angestellt werden. Sie begleiten die Menschen mit Behinderung im Alltag und unterstützen sie – je nach Bedarf – bei der Körperpflege, in der Mobilität, bei hauswirtschaftlichen Verrichtungen, in der Freizeit und im Beruf.

Diese Tätigkeit bedarf keiner Ausbildung, sie wird daher gerne von Menschen ausgeübt, die z.B. studieren, keine an ihre Ausbildung gebundene Anstellung finden oder die zeitliche Flexibilität schätzen, die damit verbunden ist. Da die Assistenten unmittelbar am persönlichen Leben ihrer behinderten Auftraggeber teilhaben, sogar in sehr intimen Bereichen, sind Konflikte und Unzufriedenheiten zwischen den Assistenten und den behinderten Auftraggebern unausweichlich.

Carlén hat sich vorgenommen, die Lebensverhältnisse der Betroffenen und die Arbeitssituation der Behindertenassistenten sowie des Pflegepersonals zu verbessern. Sie hat sich selbstständig gemacht mit einem Beratungs-, Schulungs- und Servicezentrum für alle Beteiligten. Sie stach damit in ein Wespennest, denn die Unzufriedenheit vieler Betroffener ist groß. Innerhalb von vier Wochen nach Schaltung der neuen Homepage waren schon über 60 Einträge im Gästebuch, die Menschen diskutierten das Thema Behindertenassistenz aktiv und intensiv! Die Presse war sofort neugierig, regionale Pflegedienste und Vereine, die mit Menschen mit Behinderung arbeiten, ebenfalls.

Carlén war jetzt in ihrem Element! Sie wusste oft nicht, wo ihr der Kopf stand bei den vielen organisatorischen Tätigkeiten für den Aufbau des Seminarprogramms, der Zertifizierung als Bildungsträger, der Abwicklung von Förderanträgen etc. Aber sie konnte endlich selbst entscheiden, die Dinge so zu tun, wie sie für richtig hielt und sie aufgrund eigener Erfahrung am besten funktionierten. Die starke Resonanz war der erste große Erfolg ihres neuen Unternehmens, dem sicher weitere folgen werden, denn Carlén plant bereits, ihre Beratung und Schulungen deutschlandweit anzubieten und eine geregelte Ausbildung für Behindertenassistenten zu entwickeln.

Fragen zur Selbsteinschätzung

Wie schätzt du deine eigenen persönlichen und beruflichen Kompetenzen ein?

1. Markiere mit einem Kreuz auf der Skala zwischen „gering" und „stark", wie deine wichtigsten Erfolgseigenschaften für das Selbstständigsein ausgeprägt sind.
2. Bitte mindestens zwei Menschen, die dich gut kennen, (in einer anderen Farbe!) zu markieren, wie sie deine Kompetenzen einschätzen.
3. In den Bereichen, wo es große Unterschiede zwischen deiner Selbst- und der Fremdeinschätzung gibt, sei neugierig, wie sie zustande kommen!

Tiefenkompetenzen:

Ambiguitätstoleranz, d.h. die Fähigkeit und Bereitschaft, sich auf vage Situationen einzulassen

gering ◄——————————————————► stark

Leistungsmotivation, d.h. Freude an Leistung und Herausforderungen

gering ◄——————————————————► stark

Risikobereitschaft, d.h. Mut zu Risiken, auch wenn sie nicht genau kalkuliert werden können

gering ◄——————————————————► stark

Unabhängigkeitsstreben, d.h. ein starkes Bedürfnis nach Freiheit und Freiraum

gering ◄——————————————————► stark

Persönlichkeitskompetenzen:

Selbstständig denken und handeln
gering ⟷ stark

Kritikfähigkeit, d.h. Kritik anzunehmen und auch aussprechen zu können
gering ⟷ stark

Selbstvertrauen
gering ⟷ stark

Zuverlässigkeit
gering ⟷ stark

Verantwortungs- und Pflichtbewusstsein
gering ⟷ stark

Soziale Kompetenzen:

Im Umgang mit anderen:

Empathie, d.h. Mitgefühl bzw. Einfühlungsvermögen
gering ⟷ stark

Menschenkenntnis
gering ⟷ stark

Wahrnehmung
gering ⟷ stark

Selbstdisziplin

gering ◄────────────────► stark

Toleranz

gering ◄────────────────► stark

Sprachkompetenz

gering ◄────────────────► stark

Interkulturelle Kompetenz, d.h. sich auf Menschen aus anderen Kulturkreisen einzulassen

gering ◄────────────────► stark

In Bezug auf Zusammenarbeit:

Teamfähigkeit

gering ◄────────────────► stark

Kooperation

gering ◄────────────────► stark

Konfliktfähigkeit

gering ◄────────────────► stark

Kommunikationsfähigkeit

gering ◄────────────────► stark

Führungsqualitäten:

Verantwortung
gering ←→ stark

Flexibilität
gering ←→ stark

Konsequenz, d.h. Entscheidungen konsequent umzusetzen
gering ←→ stark

Vertrauen
gering ←→ stark

Vorbildfunktion
gering ←→ stark

Intelligenz und Engagement:

Emotionale Intelligenz, d.h. aus dem Bauch heraus gute Entscheidungen zu treffen und umzusetzen
gering ←→ stark

Soziale Intelligenz, d.h. gute Entscheidungen für die Gemeinschaft zu treffen und umzusetzen
gering ←→ stark

Spirituelle Intelligenz, d.h. eine gute Verbindung mit geistigen Kräften und Welten
gering ←→ stark

Qualitäten der Selbstständigkeit

Sie wird dich verändern, das ist gewiss. Du wirst neue Erfahrungen machen, erstaunliche Menschen kennenlernen und unvorstellbare Situationen erleben. Die Selbstständigkeit formt, fordert und fördert deine Talente und zeigt dir auf, wo deine Grenzen sind. Deine Potenziale reifen aus, bekannte Qualitäten entwickeln sich weiter, und du entdeckst zudem noch völlig neue Seiten in dir.

Um ganzheitlich zu wachsen, brauchst du die Bereitschaft zur Veränderung und die Neugier auf das Unbekannte. Und die Fähigkeit, dich immer wieder neu zu motivieren, um den nächsten Schritt zu gehen, gerade auch dann, wenn es nicht leichtfällt.

Permanentes Training

Sicherlich bieten bestimmte angeborene Persönlichkeitsmerkmale besonders günstige Voraussetzungen für die Ausübung einer selbstständigen Tätigkeit. Jedoch entwickelt sich die Persönlichkeit auch durch den Mut, eine neue Selbstständigkeit zu gründen, und durch die Erfordernisse und Erfahrungen, die sie mit sich bringt.

Das Selbstständigsein verändert die Menschen. Es stimuliert bestimmte Eigenschaften, fordert Kompetenzen, trainiert Fähigkeiten und Fertigkeiten und sorgt dadurch für einen permanenten Zustand von Aktivität bei den Inhabern. Durch die unmittelbaren existenziellen Konsequenzen aus den Ergebnissen der eigenen Geschäftstätigkeit – je nach finanziellem Polster mehr oder weniger unmittelbar, aber immer ernsthaft – werden Qualitäten geweckt, trainiert und gesteigert. Es findet eine Entwicklung der Persönlichkeit statt, die immer auch Auswirkungen auf andere Menschen hat, angefangen bei der eigenen Familie über die Kunden und Geschäftspartner bis hin zur Gesellschaft.

Wie einseitig oder vielseitig diese Entwicklung ist, hängt davon ab, welche Absichten mit dem Unternehmen verfolgt werden. Sie können sich während des Aufbaus eines Geschäfts, in Wachstumsphasen oder in Krisensituationen auch jederzeit verändern und erweitern. Wenn es gewünscht ist oder wenn die Zeit einfach reif dafür ist, kann jede Phase des selbstständigen Geschäftslebens spirituelle Aspekte hervorbringen.

→ *Wachse an jeder Erfahrung!*

→ *Sei wach, aktiv und neugierig!*

Qualitäten im Kontext

Die Qualitäten, die durch den Schritt in die Selbstständigkeit gefordert und geformt werden, lassen sich gut darstellen anhand des Quadrantenmodells der integralen Theorie von Ken Wilber, die Philosophie, Wissenschaft und Spiritualität vereint. Das Modell besteht aus vier Quadranten, die vier verschiedene Wahrnehmungsebenen beschrei-

	individuell		
subjektiv	**ICH** → Entscheidungen treffen → Verantwortung tragen → Werte definieren → Vertrauen schaffen → Sich behaupten / durchsetzen → An Grenzen gehen → Prioritäten setzen	**ES** → Qualität leisten und Service bieten → Potenziale entwickeln → Ressourcen sorgfältig einsetzen → Lösungen finden → Risiken eingehen → Rückschläge verkraften → Beginnen, fortführen, verlassen	objektiv
	WIR → Sich auf andere einlassen, verhandeln → Kontakte knüpfen → Vereinbarungen treffen → Respekt einfordern → Führung übernehmen → Kooperationen eingehen → Geben und nehmen	**ALLES** → Einfluss ausüben → Zustände verbessern → Werte schaffen → Zukunftsorientierung → Vision und Mission → Neues erfinden → Die Welt verändern	
	kollektiv		

ben: individuell <> kollektiv und subjektiv <> objektiv. Die integrale Theorie, auch integrale Philosophie genannt, integriert prämoderne, moderne und postmoderne, östliche und westliche Weltsichten sowie spirituelle Einsichten, wirtschaftliches und wissenschaftliches Denken. Sie beruht auf zahlreichen Modellen, die ineinandergreifen und zusammen eine besonders umfassende Wahrnehmung der Welt und ihrer wesentlichen Zusammenhänge ermöglichen.

Für dieses Buch habe ich wichtige Qualitäten des Selbstständigseins den vier Quadranten zugeordnet. So kannst du leicht herausfinden, wie ausgewogen deine persönlichen Qualitäten in dieser Hinsicht sind, was du besonders gut und was du weniger gut kannst.

ICH

Die emotionalen, verstandesmäßigen und moralischen Qualitäten der unternehmerischen Persönlichkeit werden im oberen linken Quadranten (ICH = individuell + subjektiv) verortet.

Dabei handelt es sich um Qualitäten, die vorwiegend die eigene Person betreffen. Sie reifen durch die Auseinandersetzung mit sich selbst, durch die Überwindung innerer Widerstände und durch die Bereitschaft, das bestehende Selbstbild zu aktualisieren. *Rückmeldungen zur Stimmigkeit* kommen hier vor allem aus dem eigenen Bauchgefühl und dem inneren Dialog.

Hierhin gehören u.a. die folgenden Qualitäten:
- → Entscheidungen treffen
- → Verantwortung tragen
- → Werte definieren
- → Vertrauen schaffen
- → Sich behaupten/durchsetzen
- → An Grenzen gehen
- → Prioritäten setzen

ES

Die Entwicklung von geschäftlicher Substanz und Einkommen wird im oberen rechten Quadranten (ES = individuell + objektiv) verortet. Hier hast du es mit Qualitäten zu tun, die vorwiegend beim Managen der Geschäftsabläufe bzw. der geschäftlichen Notwendigkeiten gefordert werden. Sie werden gebraucht, um sich auf dem Markt zu bewähren und um als Unternehmen ernst genommen zu werden. Die *Rückmeldungen zur Stimmigkeit* kommen hier vor allem über das wirtschaftliche Ergebnis, das Einkommen.

Zum ES gehört u.a.:
- → Qualität leisten und Service bieten
- → Potenziale erkennen und entwickeln
- → Ressourcen sorgfältig einsetzen
- → Lösungen finden
- → Risiken eingehen
- → Rückschläge verkraften
- → Beginnen, fortführen, verlassen

WIR

Die Qualitäten im unteren linken Quadranten (WIR = kollektiv + subjektiv) betreffen den Austausch mit anderen Menschen, sie werden in der Begegnung entwickelt. Dabei können gemeinsame Erfolge genauso wie gegenseitige Enttäuschungen lehrreich und hilfreich sein, um den Umgang miteinander zu verbessern. *Rückmeldungen zur Stimmigkeit* kommen hier vor allem von Geschäftspartnern, Mitarbeitern und Kunden.

Hierhin gehören u.a. diese Qualitäten:
→ Sich auf andere einlassen, verhandeln
→ Kontakte knüpfen
→ Vereinbarungen treffen
→ Respekt einfordern
→ Führung übernehmen
→ Kooperationen eingehen
→ Geben und nehmen

ALLES

Der Einfluss auf gesellschaftliche Entwicklungen und die Zukunft insgesamt wird im unteren rechten Quadranten (ALLES = kollektiv + objektiv) dargestellt. Die Qualitäten aus diesem Bereich werden benötigt, um mit der

→ Integriere die wesentlichen Wahrnehmungen und Qualitäten!

→ Verbinde die verschiedenen Ebenen zu einem Ganzen!

Geschäftstätigkeit neben dem persönlichen Wohlergehen auch einen allgemeinen Nutzen zu schaffen. Dabei geht es darum, Spiritualität nicht nur nach innen, sondern auch nach außen zu leben. Die *Rückmeldungen zur Stimmigkeit* erhalten wir hier vor allem durch erfreuliche Situationen und Begegnungen, die unerwartet und scheinbar zufällig passieren.

Hierhin gehören u.a. diese Aspekte:

→ Einfluss ausüben
→ Zustände verbessern
→ Werte schaffen
→ Zukunftsorientierung
→ Vision und Mission
→ Neues erfinden
→ Die Welt verändern

Porträt: Abenteuer mit Erneuerbaren Energien

Alexander hat sich während der Fertigstellung seiner Doktorarbeit entschieden, die Projekte, die er in den letzten Jahren mit Jugendlichen durchgeführt hat, in den Mittelpunkt seiner Selbstständigkeit zu stellen.

Der ausgebildete Ingenieur forscht und arbeitet schwerpunktmäßig im Bereich der regenerativen Energietechnik. In Schülerprojekten (Motto „aha!-Erlebnisse") macht er die Jugendlichen auf spielerische Weise mit den Themen Energie und Umwelt vertraut, damit sie sich eine eigene Meinung in diesem komplexen Themenfeld bilden und ihre eigenen Handlungspotenziale praktisch erschließen.

Die Projekte finden in Naturcamps statt, in denen der Zugang zur konventionellen Energieversorgung nur eingeschränkt oder gar nicht vorhanden ist, sodass die Selbstversorgung mit Erneuerbaren Energien sinnvoll und zugleich notwendig ist. Wichtige mathematische und physikalische Konzepte werden auf diesem Weg wie selbstverständlich erklärt.

Alexander konfrontiert seine Kunden, die Jugendlichen, damit, Verantwortung für ihre Zukunft zu übernehmen. Indem er sich als Mentor für diesen Prozess des Erwachsenwerdens zur Verfügung stellt, reifen zugleich auch seine eigenen unternehmerischen Qualitäten.

Damit diese Projekte, die vorwiegend von Schulen gebucht werden, geschäftlich tragfähig werden, hat Alexander weitere berufliche Standbeine aufgebaut, die wertvolle Synergien liefern: Über Praktika und Vorlesungen an Universitäten in Deutschland und Europa sichert er sich die Verbindung zur aktuellen Forschung in seinem Fachgebiet. Mit Ingenieursdienstleistungen für Unternehmen, Kommunen und Forschungsinstitute im Bereich Lichtlenkung, Fotovoltaik, hybride Energiesysteme, Verschattungsanalyse und Gebäudeenergieberatung kann er zusätzlich Einnahmen generieren und hilfreiche Kontakte knüpfen, z.B. um Sponsoren für die Geräte und Materialien zu gewinnen, mit denen die Schüler in den Camps forschen.

Was seine ganz persönlichen Lebensumstände betrifft überlegt Alexander derzeit, autark in einem Bauwagen zu leben, wo er die benötigte Energie selbst produziert und geschlossene Stoffkreisläufe nutzt, z.B. durch Benutzung einer Toilette, die Kompost für den Anbau von Lebensmitteln produziert. Im Sinne der von ihm vertretenen Werte, Themen und Techniken ein weiterer Schritt zum konsequenten integralen Handeln.

Fragen zur Selbsteinschätzung

Auf welchem/welchen Quadranten (ICH/WIR/ES/ALLES) sind deine unternehmerischen Qualitäten am besten entwickelt?
Markiere die entsprechende(n) Stelle(n) mit ++++.

Auf welchem/welchen Quadranten am zweitbesten?
Markiere die entsprechende(n) Stelle(n) mit +++.

Auf welchem/welchen Quadranten am drittbesten?
Markiere die entsprechende(n) Stelle(n) mit ++.

Auf welchem/welchen Quadranten am wenigsten?
Markiere die entsprechende(n) Stelle(n) mit +.

Auf welcher Ebene (individuell – kollektiv – subjektiv – objektiv) fühlst du dich unternehmerisch am meisten zu Hause?
Markiere die entsprechende(n) Stelle(n) mit einem ☺.

Zu welcher Ebene findest du wenig Zugang?
Markiere die entsprechende(n) Stelle(n) mit einem ☹.

Wie kannst du die unternehmerischen Qualitäten steigern, die bisher noch zu wenig entwickelt sind?

....

....

....

Wie kannst du alle Quadranten in ein ausgewogenes Verhältnis bringen?

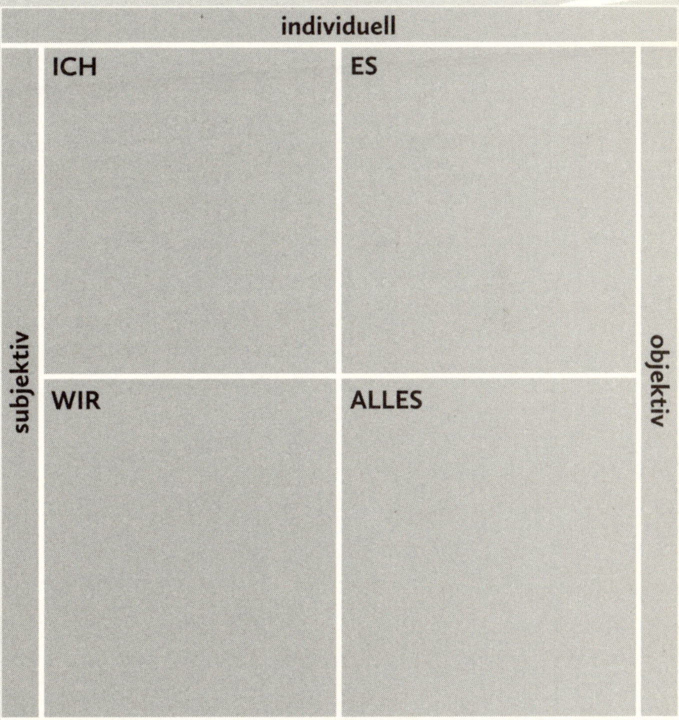

Neue Geschäftsmodelle

Werte und Wachstum sind ein attraktives Paar und immer mehr Selbstständige streben danach, beide Aspekte zu kultivieren und zu verbinden.

Viele Unternehmungen entwickeln neue Formen und Inhalte, mit der Absicht, ehrlich, verantwortlich und gemäß der eigenen Überzeugungen zu handeln. Wachsen zum Wohle aller anstatt auf Kosten vieler ist ein Motto unserer Tage, das die Arbeitswelt verändert und die vorhandenen Institutionen und Organisationen infrage stellt.

Das Bedürfnis nach Sinn und Erfüllung läuft der Konsumorientierung den Rang ab und ermöglicht postmoderne Geschäftsmodelle.

Moderne Zeiten

Die heutige Motivation des Selbstständigen unterscheidet sich von derjenigen vorangegangener Generationen. Die Motivation zum Selbstständigsein als integriertes Lebens- und Arbeitsmodell beruht auf den Veränderungen in der Wahrnehmung des Lebens und der Welt. Was uns betrifft und interessiert, ist immer weniger die Suche nach materieller Sicherheit und immer mehr das Bedürfnis nach Erfüllung, Verbundenheit und Sinn.

Diese Entwicklung folgt systemischen Zusammenhängen, die Don Edward Beck und Christopher C. Cowan im Buch *Spiral Dynamics* sehr anschaulich beschreiben. Das Buch mit dem Untertitel *Leadership, Werte und Wandel* ist ein Wegweiser für die integrale Entwicklung von Menschen, Gesellschaften und Unternehmen.

Demnach finden das Wachstum und die Entwicklung von Individuen und Gesellschaften in Form einer Spirale statt, die von Memen – das sind Glaubens-, Denk- und Wertemuster – gebildet wird. Das derzeit in weiten Teilen Mitteleuropas noch vorherrschende orangene Mem, in der Kurzform „erfolgsorientiert" genannt, geht nach und nach über in die nachfolgenden Meme: grün = „gemeinschaftlich", gelb = „integrativ", türkis = „holistisch". Diese stark vereinfachenden Prinzipien geben die zentralen Themen wieder, die innerhalb der Meme die entsprechende Weltsicht und Lebensweise der Menschen prägen.

→ *Wachse zum Wohle aller!*

→ *Schaffe Veränderungen und gestalte die Zukunft!*

Aktuelle Mem-Codes

Farbe	Prinzip	Wer bestimmt	Prioritäten
türkis	holistisch	universelle Kräfte, ein globaler Organismus	handeln auf der Makroebene zum Wohle Aller
gelb	integrativ, systemisch	Komplexität, natürliches Fließen	flexibel, vernetzt und verantwortlich leben
grün	gemeinschaftlich	offene Gemeinschaften, Konsens	gleiche Rechte und gleiche Chancen für alle
orange	erfolgsorientiert	Wissenschaft, Wirtschaft, Strategien	Fortschritt, Optimismus, Wohlstand, Überfluss
blau	zielgerichtet, autoritär	Macht und Wahrheit, Gesetze, Disziplin	Kontrolle, Ordnung, Ziel- und Zweckorientierung
rot	impulsiv, ausbeuterisch	Stammesfürsten, Lehnsherren	ohne Rücksicht für sich selbst kämpfen
purpur	magisch, stammesgesellschaftlich	mystische Geister, Ahnen, Riten	den heiligen Bräuchen treu und ergeben sein
beige	überleben	Naturgesetze, Instinkt	Nahrung, Wärme, Sex und Sicherheit

Immer weniger Existenzgründer beabsichtigen, mit dem Selbstständigsein vorrangig den eigenen Wohlstand zu steigern, sondern interessieren und engagieren sich vielmehr für Gemeinschaften und das Allgemeinwohl, für Integration, Synergie und Verantwortung in vernetzten Systemen.

Analog zu dieser Entwicklung verlieren z.B. die Industrie- und Handelskammern, andere klassische Wirtschaftsverbände und die traditionellen Banken an Beachtung, zugunsten von Social-Business-Initiativen, Crowdfunding und Öko-/Ethikbanken. Und wie in jeder Übergangsphase mischen sich die verschiedenen Ebenen, ringen um Anerkennung, verändern sich mit dem Fluss oder gehen darin unter.

Moderne Unternehmungen

Die Selbstständigkeiten, die dem gesellschaftlichen Wandel Rechnung tragen, weisen dementsprechend neue Merkmale und Prinzipien auf, die auch ungewohnte Strategien und Handlungsweisen erfordern:

→ Die Menschen sind freier, aber auch verantwortlicher für die Folgen ihres Handelns.
→ Die Führung dient dem Unternehmen und allen Mitarbeitern, Kunden und Partnern.
→ Gemeinsame Ziele werden von allen Beteiligten verfolgt, weil alle davon profitieren.
→ Alle Ressourcen werden sparsam, bewusst und nachhaltig eingesetzt.
→ Jeder Mensch hat andere Stärken und Bedürfnisse, Vielfalt wird als Reichtum wahrgenommen.
→ Alle machen das, was sie am besten können und was ihnen am leichtesten fällt.
→ Mensch, Natur und Technologie entwickeln sich gemeinsam.
→ Konflikte werden mit Blick auf das Gemeinwohl gelöst.
→ Wissen bedeutet nicht Macht, sondern Effektivität und wird daher gerne geteilt.
→ Wachstum, Entwicklung und Veränderung sind normal und werden positiv verstärkt.
→ Die Menschen haben Spaß an ihrem Leben oder verändern es.

→ Mach deine Überzeugungen zu deinen Unternehmungen!

→ Deine Arbeit ist dein Leben – wichtig, wertvoll und folgenreich.

Dahinter steht eine Werteorientierung, die nicht nur ernstgenommen wird, sondern auch in alle Tätigkeiten und Abteilungen wie selbstverständlich hineinwirkt:

- Menschen und Unternehmen finden sich aufgrund spiritueller Anziehung.
- Arbeit ist bedeutsam für die Gesundheit allen Lebens.
- Unternehmen verantworten, was sie tun.
- Informationen, Geräte und Materialien sind frei zugänglich.
- Menschen werden motiviert durch die Möglichkeit, zu lernen und zu verstehen.
- Teilen und Teilnehmen ist wertvoller als Wettbewerb.
- Jeder ist wichtig und wertvoll.

Was für manche klingen mag wie eine fantastische, romantische Utopie, ist für andere längst Realität geworden. Sowohl in kleinen als auch sehr großen Unternehmen, z.B. im Bereich der Neuen Medien und der Kreativwirtschaft, bei Softwareentwicklern, in landwirtschaftlichen Genossenschaften, in jungen Handwerksbetrieben usw. finden sich immer mehr der o.g. Prinzipien. Insbesondere Freiberufler und Einzelunternehmer, z.B. Heilpraktiker, Architekten, Coaches, Unternehmensberater, Journalisten etc., halten es für selbstverständlich, ihre Arbeit so auszurichten, dass ein Maximum an Übereinstimmung der persönlichen Interessen, Talente, Absichten und Bedürfnisse mit den Anforderungen des beruflichen Alltags besteht.

Porträt: Handwerker mit Herz und Service

Als Tischler hatte Olaf schlechte Erfahrungen damit gemacht, entweder in kleinen, staubigen Werkstätten Möbel mit gesundheitsgefährdenden Chemikalien zu behandeln, in Großbetrieben mit modernster CAD-Technik Massenware am Fließband zu produzieren oder im Messebau extremem zeitlichem und finanziellem Druck ausgeliefert zu sein. Er verließ seinen Traumberuf, um direkter und intensiver mit und für Menschen zu arbeiten: Als persönlicher Assistent für Menschen mit Behinderung, als Berater für Gesundheitsprodukte und als Familien-Coach konnte er seine Stärken in Kommunikation, Service und Werteorientierung zunächst besser umsetzen. Bis er feststellte, dass etwas ganz Entscheidendes fehlte – seine Leidenschaft gehörte nach wie vor dem Handwerk. Deshalb hatte er den Beruf des Tischlers auch ursprünglich gewählt, anstatt Pädagogik oder Psychologie zu studieren.

Die Rückkehr ins ursprüngliche Metier musste zugleich ein Neuanfang sein. Damit nicht wieder die alten, bekannten Probleme die schönen Seiten seines Berufs überlagerten, schuf Olaf ein Angebot, das seine handwerklichen Qualitäten mit den menschlichen optimal kombinierte: Als Dienstleister kommt er zu seinen Kunden nach Hause und repariert, verbessert bzw. gestaltet vor Ort alles, was aus Holz, Stein, Glas, Kunststoff oder Metall besteht.

Seine Leitlinien sind die Prinzipien: „Wie hält es am besten? – Wie sieht es am schönsten aus? – Wie können die Funktion und Bedienung verbessert werden?“ Seine Freude an individueller Fertigung und seinen Anspruch an besonderen Service setzt er um, indem er zuverlässig, detailgenau und nutzerorientiert die Kundenwünsche erfüllt. Er trifft klare Absprachen und kombiniert seinen großen Ideenreichtum mit seinem Gefühl für Menschen und Materialien – die Kunden sind begeistert.

Olaf verarbeitet, wie es seinen persönlichen Werten entspricht, hochwertige Materialien und bezieht sie von ökologisch orientierten Herstellern und Lieferanten. Fast alles kann vor Ort gefertigt werden, die Werkzeuge bringt er mit und den Arbeitsbereich hält er so sauber, wie es seine Kunden noch nie bei Handwerkern erlebt haben. Das funktioniert so gut, dass er nur durch Mundpropaganda an neue Kunden kommt und gut gebucht ist.

Mit geringstem Aufwand bestmögliche Ergebnisse und größtmögliche Zufriedenheit für sich und seine Kunden schaffen: Olaf hat zurückgefunden zu seinen Wurzeln und zugleich etwas völlig Neues daraus gemacht!

Fragen zur Selbsteinschätzung

→ *Welche Meme (vgl. Seite 51) entsprechen deinem bisherigen beruflichen Alltag am meisten?*
Markiere die Stelle im Feld *beruflich* mit einem ✓.

→ *Welche sind dir persönlich am nächsten?*
Markiere die Stelle im Feld *privat* mit einem ✓.

→ *Was kannst du tun, um mehr Synergie aus beiden zu erzeugen?*
Mache spontane Notizen im Feld *Das erschaffe ich*.

→ *Was brauchst du noch, damit das gelingt?*
Mache spontane Notizen im Feld *Das suche ich*.

Farbe	**berufl.**	**privat**	***Das erschaffe ich***	***Das suche ich***
türkis	○	○		
gelb	○	○		
grün	○	○		
orange	○	○		
blau	○	○		
rot	○	○		
purpur	○	○		
beige	○	○		

Gründung und Aufbau des Unternehmens

Idee oder Absicht – was willst du tun und was erreichen? Deine persönliche Vision und die daraus entstehende Motivation sind die wesentlichen Energiequellen für das, was du vorhast. Im Geschäftsplan erhalten sie die Konturen und Strukturen, die du für ihre zielstrebige Verwirklichung brauchst.

Ein guter Plan bündelt deine Kräfte und Energien und das Feedback von Profis hilft dir bei der Umsetzung.

Ideen und Absichten

Es gibt zwei Motivatoren für die Gründung einer neuen Selbstständigkeit, die eine gute Ausgangsbasis für den gelingenden Geschäftsaufbau und den späteren Erfolg sind: Entweder ist da eine gute Idee, die dich begeistert und deren Umsetzung dir so verlockend scheint, dass dich der Gedanke daran nicht mehr loslässt – du willst das TUN. Oder da ist die Absicht, etwas zu verändern oder zu bewirken – und wenn auch noch nicht klar ist, wie es gehen kann, so ist die Vorstellung, dass es passiert, das Faszinierende daran – du willst das ERREICHEN. Wenn Idee und Absicht gleichzeitig vorhanden sind, dann ist die Kraft am größten, um daraus etwas Neues zu erschaffen.

Konkrete Ideen können sein:

→ Herstellung und Vertrieb eines innovativen Produkts, z.B. selbst genähte Designermode
→ Service-/Dienstleistungen für bestimmte Zielgruppen, z.B. Männer-Coaching
→ Spezielle Arbeitsformen, z.B. freiberufliche Krankenpflege

Die Ideen folgen häufig einem Talent, d.h. man macht etwas besonders gerne oder kann etwas besonders gut und kreiert dann eine Geschäftsidee, in der das Talent seine Kunden findet.

Konkrete Absichten können sein:

→ Mehr Vielfalt im beruflichen Alltag und daraus resultierend ein höheres Maß an Lebensqualität und Gesundheit, z.B. durch selbstbestimmte Arbeitszeiten, -orte und -umstände
→ Berufliche Integration von Menschen mit Behinderung, z.B. durch Schaffung von Qualifizierungsprogrammen

→ Erhöhung des Umweltbewusstseins und Reduktion von Umweltbelastungen, z.B. durch Verkauf und Installation von Solaranlagen

Die Absichten betreffen die Gründer selbst und ihre Lebensumstände, bestimmte Zielgruppen, denen sie sich verbunden fühlen, oder allgemeine Veränderungen, die vielen Menschen gleichzeitig zugutekommen.

Beide Faktoren, Idee und Absicht, motivieren emotional und setzen ungeahnte Fantasien und Energien frei, wenn sie Raum bekommen und gepflegt werden. Beide münden in der unternehmerischen Vision und dem langfristigen Ziel der Unternehmung, die ganz persönliche oder auch allumfassende Verbesserungen und Lösungen zum Inhalt haben können.

Die Vision braucht es als Triebfeder, als Kraftquelle für die manchmal eher nüchternen Phasen der Planung und Umsetzung aller notwendigen organisatorischen Schritte, ohne die das Geschäft nicht gut entwickelt werden kann. Je kraftvoller die Vision ist, umso mehr kann sie auch bei Schwierigkeiten, die selbstverständlich immer wieder auftreten können, die Geschäftsidee beflügeln.

Wenn ich mit Gründern spreche, sind daher meine ersten Fragen immer die nach dem Warum der Selbstständigkeit: Was ist die Idee, was ist die Absicht, was ist der Gewinn, wer

→ Deine Ideen und Absichten setzen Potenziale frei.

→ Deine Vision ist die zentrale Energiequelle.

sind die Gewinner? Dabei achte ich besonders darauf, wie viel Kraft und Energie die Antworten haben und wie stark die Motivation außer vom Verstand auch vom Bauch und vom Herzen getragen wird.

Nur wenn alle drei Bereiche deutlich spürbar vertreten sind, finde ich es interessant und lohnend, ein Konzept zu entwickeln, das den Rahmen für ein neues Geschäft und die einzelnen Schritte zu seiner Gründung näher beschreibt.

Der Geschäftsplan

Gute Ideen haben die meisten Menschen, die Energie, um sie zu entwickeln, schon deutlich weniger; genügend Kunden zu finden, die dafür ihr Geld geben, gelingt nur einem gewissen Prozentsatz; und dafür eine nachhaltig wachsende Struktur zu schaffen, ist nur einer recht überschaubaren Menge glücklicher und erfolgreicher Selbstständiger vorbehalten. Nur so jedoch wird ein Gedanke oder ein Impuls zum lohnenden Geschäft und unterscheidet sich vom Hobby bzw. von der Träumerei.

Die wesentlichen Inhalte eines Geschäftsplans sollten unabhängig von der Größe der Unternehmung beim Entwurf einer Geschäftsidee berücksichtigt werden. In Kurzform kann der Plan schon auf wenigen Seiten sinnvoll dargestellt werden, sofern er alle wichtigen Themen kritisch und ehrlich beleuchtet. In ausführlicher Form wird daraus ein Businessplan, der ggf. auch 100 oder mehr Seiten haben kann und z.B. beim Gespräch mit den Banken, Investoren und Partnern deutlich macht, worum es bei der Gründung geht.

Diese Inhalte sollte ein guter Geschäftsplan illustrieren:

Persönliche Perspektive	Geschäftliche Perspektive
Worum es mir geht	Geschäftsidee, Werte, Ziele und unternehmerische Vision
Wer ich bin	Persönliche Potenziale, Ressourcen und Grenzen
Was ich anbiete	Produkte/Dienstleistungen
Was das Besondere daran ist	Alleinstellungsmerkmale

Persönliche Perspektive	Geschäftliche Perspektive
Was mich einzigartig macht	Markt und Wettbewerb
Wer meine Kunden sind	Zielgruppe(n)
Wie ich kommuniziere	Marketing, Öffentlichkeitsarbeit, Akquise und Vertrieb
Mit wem ich kooperiere	Netzwerke, Partner
Wie ich entscheide und umsetze	Management, Führung, Team
Wie ich mich organisiere	Organisation, Infrastruktur
Wie ich prüfe und kontrolliere	Projektplan, Controlling
Welche Potenziale ich nutze	Chancen und Risiken
Was ich verdiene	Finanzplan

Alle genannten Inhalte sind wesentlich für das Gelingen des Geschäftsauf- oder -umbaus. Einige der Inhalte sind meist von vornherein klar, andere schon bekannt, aber noch nicht formuliert und die übrigen unbekannt und neu.

Auf jeder Ebene liegt das Potenzial zum Scheitern des Vorhabens, wenn sie zu wenig Berücksichtigung findet, falsch eingeschätzt wird oder sich im Laufe der Zeit die Umstände ändern, ohne dass darauf angemessen reagiert werden kann.

Alle Ebenen zusammen tragen das Potenzial zum Erfolg in sich und machen das Besondere aus, das jeder Neugrün-

→ *Ein guter Plan bündelt Kräfte und Energien.*

→ *Zwischen Plan und Ergebnis liegt die Umsetzung.*

dung, Erweiterung oder Veränderung eines Unternehmens innewohnt. Jedes Unternehmen ist die Kreation einer (oder mehrerer) einzigartigen Persönlichkeit(en), ausgestattet mit frischer Energie, guten Absichten und einer Vielzahl von Wünschen, Hoffnungen und Erwartungen, um zu wachsen und Früchte zu tragen.

Wie bei einer Pflanze, die gesät wird, hängt der Erfolg vom Zusammenwirken vieler verschiedener Umstände ab, z.B. von der Potenz des Samens, der Zusammensetzung des Nährbodens, dem richtigen Zeitpunkt, dem Wetter und Klima, der optimalen Pflege, dem angemessenen Düngen, der geistigen Unterstützung, der Abwehr von Gefahren, dem Glück ...

→ Einen ausführlichen Muster-Businessplan mit Text- und Zahlenteil findest du ab Seite 124 (Anhang 2).

→ Die Engpasskonzentrierte Strategie zur geschäftlichen Profilentwicklung findest du ab Seite 150 (Anhang 3).

Unternehmer- und Gründercoaching

Gute Coaches und Berater für geschäftliche Auf- oder Umbauphasen erkennen aufgrund breiter Erfahrung und sensibler Wahrnehmung, auf welchen Ebenen Unterstützung notwendig ist, um insgesamt eine gute Balance zu erreichen.

Selbstverständlich muss man keine professionellen Helfer engagieren, sofern man alles gut im Blick und im Griff hat. Andersherum ist es auch keine Garantie für den Erfolg, Coaches und Berater in den Prozess zu involvieren. Die Verantwortung dafür, was sie an externem Feedback einholen und wie sie es dann umsetzen, tragen die Unternehmer und Gründer selbst.

Meine Erfahrung zeigt, dass es in vielen Fällen - auch schon in der Planungsphase vor der Gründung - zu Problemen und Verzögerungen kommt, weil wichtige Faktoren übersehen oder falsch eingeschätzt werden.

Meistens können innerhalb weniger Stunden Coaching wertvolle Impulse gewonnen werden, die viel falsch investiertes Geld sparen und viel zusätzlich oder schneller verdientes Geld ermöglichen. Daher ist ein gutes Coaching im richtigen Augenblick eine Investition, die sich in den meisten Fällen mehrfach lohnt: Fehler können vermieden, Entscheidungen schneller und klarer getroffen und die Umsetzung präziser gestaltet und gemanagt werden. Das spart im besten Falle Zeit, Energie und Geld. Daher sind die Ausgaben, die dafür anfallen, genauso als Investition zu sehen wie

→ Hol dir Feedback und Unterstützung!

→ Gemeinsam geht es schneller und leichter.

die für ein Warenlager, Maschinen, Geschäftsräume oder die Büroausstattung.

Weil es vorwiegend gute Erfahrungen mit Unternehmer- und Gründercoaching gibt, existieren verschiedene Förderprogramme, durch die die Kosten bezuschusst werden können, teilweise bis zu 90 Prozent. Jedes Programm richtet sich an bestimmte Zielgruppen und hat spezifische Voraussetzungen, über die die dafür zugelassenen Coaches und Berater informieren können.

Für fast alle Unternehmer und Gründer findet sich eine passende Variante, um den Auf- oder Umbau der Unternehmung so erfolgversprechend wie möglich zu gestalten.

Porträt: Der Künstler als Businesscoach

Nach dem Philosophiestudium war Harald Sachbearbeiter in einer Bundesbehörde, machte Öffentlichkeitsarbeit in einem Arbeitgeberverband und arbeitete in der Marketingabteilung eines großen Konzerns. Als ausgebildeter NLP-Master und -Trainer konzipierte er dort auch Inhouse-Trainings im Bereich Kommunikation. Er ist Online-Experte in den Bereichen Webdesign und Blogging, hat langjährige Erfahrungen als Schauspieler und Fotograf und ist Spezialist für Stimme und Körpersprache. Um all diese Erfahrungen zu bündeln, beschloss er, sich selbstständig zu machen als Coach und Trainer.

Harald suchte Unterstützung, um neutrales Feedback zu seinem Profil zu bekommen. Er wollte erkennen, worin er sich von anderen Coaches und Trainern unterschied, seine Stärken und Schwächen klären und die eigenen blinden Flecken identifizieren.

Es stellte sich schnell heraus, dass er seine Stärken und Schwächen gut kennt, realistisch einschätzt und damit auch souverän umgehen kann. Haralds Einzigartigkeit liegt im individuellen Mix aus Business-Erfahrung, Menschlichkeit mit Spiritualität und der künstlerischen Ausrichtung, die man ihm auch auf den ersten Blick schon ansieht. Er verfügt über ein hohes Maß an Empathie und Authentizität, ist selbstbewusst, zugleich sensibel und geübt darin, sich in „Businesskreisen“ zu bewegen. Die Vielseitigkeit dieser Klaviatur bedient er spielerisch und seriös – und genau das macht ihn aus. Schon die Absicht, nicht nur ein Image, sondern eine ganze Marke zu kreieren, unterscheidet ihn von vielen Mitbewerbern im Bereich Coaching und Training; die dahinterstehenden Inhalte tun es erst recht.

Harald kann sehr dominant und resolut sein, aber auch vertrauensvoll und sensibel auftreten. Beide Pole sind ihm gut vertraut, nur die Mitte dazwischen lässt ihn unsicher werden. Daher war es ihm wichtig, entsprechende Strategien zu entwickeln, die ihm halfen, mit seinen Sorgen und Ängsten umzugehen, den Wert und damit die Preise seiner Leistung zu definieren und sein Selbstvertrauen in die eigene Tatkraft zu stärken. Das externe Feedback erleichterte es ihm, in diesen Bereichen Sicherheit zu gewinnen.

Schnell gelang es ihm dann, ein Logo und den Markennamen seines Unternehmens zu finden, beides mit Anspielung auf seinen Nachnamen und daher von hoher Identifikationskraft. Die Erstellung der Website war für ihn ein Leichtes, die Anbindung von Social Media ebenso, das Bloggen hat er intensiviert und gezielt ausgerichtet auf seine speziellen Angebote, u.a. im Bereich Männer-Coaching und als Speaker.

Sein zweigleisiges Marketing für die Zielgruppen „Firmenkunden“ und „Privatkunden“, die er auf verschiedenen Preisniveaus angesprochen hatte, war nicht erfolgreich; mittlerweile unterscheiden sich seine Angebote durch die Inhalte und sprechen verschiedene Zielgruppen durch attraktive und individuelle Leistungen an.

Fragen zur Selbsteinschätzung

→ *Was hast du mehr: Motivierende Ideen oder ambitionierte Absichten?*
Notiere hier spontan die Ideen, für die du brennst:

....

....

....

Notiere hier spontan die Absichten, für die du brennst:

....

....

....

→ *Welche betreffen vorwiegend dein eigenes Leben bzw. das von anderen Menschen?*
Eigenes Leben:

....

....

....

Andere Menschen:

....

....

....

→ *Was ist das entscheidende „Warum" für dein bestehendes/zukünftiges Selbstständigsein?*

....

....

....

....

→ *Bei welchen Inhalten des Geschäftsplans bist du klar und sicher, bei welchen nicht?*
Viel Klarheit und Sicherheit:

....

....

....

....

Wenig Klarheit und Sicherheit:

....

....

....

→ *Wie kannst du die fehlende Klarheit und Sicherheit am besten gewinnen?*

....

....

....

Die Kunst guter Führung

Du führst dich selbst und andere, indem du Entscheidungen triffst. Die Konsequenzen daraus hast du zu verantworten, mitunter am eigenen Leib und mit deiner geschäftlichen Existenz. Dein tatsächlicher Einfluss ist allerdings begrenzt, weil du Teil eines Fließgleichgewichts aus verschiedenen Einflüssen bist, das dich führt – und nicht immer dorthin, wohin du ursprünglich wolltest.

Die Kunst der ganzheitlichen Führung ist es, diese unbekannten Faktoren zu begrüßen, mit ihnen zu spielen und sie als wertvoll anzuerkennen. Sie prüfen und trainieren deine Sinne, Werte und Kräfte und sind deine Verbündeten auf einer abenteuerlichen Reise.

Führen und geführt werden

Wer Verantwortung trägt, muss Entscheidungen treffen und immer wieder die Weichen stellen für die nächsten Schritte und den weiteren Weg.

Jede Entscheidung für etwas ist eine gegen etwas anderes. Und jede führt zu Konsequenzen, die erfreulich oder unerfreulich sein können. Die meisten Selbstständigen treffen permanent Entscheidungen, deren Konsequenzen sie selbst zu verantworten haben – mit ihrem Geld, ihrer Zeit, ihrer Kraft, letztlich mit wesentlichen Anteilen ihrer Existenz. Und genau das ist für viele auch die Motivation zum Selbstständigsein: selbst entscheiden zu dürfen, was zu tun ist, wann, von wem und auf welche Art und Weise. Selbst profitieren zu können von den Resultaten, sei es als finanzieller Gewinn, Lernprozess, Erweiterung des Horizonts, Zuwachs an Wahlmöglichkeiten, oder am besten alles zugleich. Selbst spüren zu dürfen, worum es geht und worum nicht.

Entscheiden heißt auch führen – sich selbst, das Unternehmen, die Kunden, die Partner und, falls vorhanden, auch die angestellten Mitarbeiter. Das fängt schon damit an, die Arbeitszeiten selbst zu bestimmen: Wann stehst du morgens auf, wann arbeitest du, wie lange am Tag und wie oft in der Woche?

Das klassische Bild von den Arbeitszeiten der Selbstständigen ist die 60-bis-80-Stunden-Woche, ohne freie Abende und Wochenenden. Das gibt es durchaus, für manche immer, für andere vorübergehend, aber es gibt auch ganz viele Selbstständige mit einer 40-, 30- oder 20-Stunden-Woche. Das hängt dann mit der nächsten Entscheidung zusammen: Wie viel Geld brauchst du, wie viel musst oder willst du verdienen?

Reich zu werden motiviert immer noch etliche Unternehmer, doch die Lebensqualität zu steigern ist ein Ziel, das vielen immer wichtiger wird. Das muss keine Entscheidung gegen das Geldverdienen sein. Ganz im Gegenteil! Ein hoher Gewinn und eine gesteigerte Lebensqualität lassen sich miteinander verknüpfen, wenn beidem eine hohe Priorität eingeräumt wird.

Ob die Entscheidungen, die du triffst, zum Erfolg führen, wird anderswo entschieden, unter anderem von den Kunden, den Märkten, den Mitbewerbern, den politischen und wirtschaftlichen Umständen, dem Zeitgeist, dem Glück.

Obwohl Selbstständige jeden Tag viele Entscheidungen treffen, können sie die Resultate nicht vorhersehen. Egal wie gut oder schlecht sie etwas machen, der Erfolg hängt von Umständen ab, die sie zwar beeinflussen, aber nicht bestimmen können. Es ist ein Spiel mit vielen Unbekannten, das viel Freude macht, wenn es dir gelingt, dich im passenden Augenblick führen zu lassen, von Zufällen, Unfällen, Schicksalen, Ereignissen und Kräften, denen du als Mensch ganz natürlich ausgeliefert bist, wie alle anderen Wesen auf der Erde auch.

Genauso wichtig, wie es ist, das Vertrauen der Menschen zu gewinnen, die du führst, ist es, Vertrauen zu entwickeln in die eigene Führung oder Fügung. Die Fügung verhindert vieles von dem, was du unbedingt willst und stellt dafür anderes zur Verfügung, von dem du gar nicht wusstest, dass es das gibt und dass es zu dir passt.

→ *Entscheiden heißt verantworten und führen.*

→ *Entscheide bewusst und konsequent!*

Wer entscheidet also wann?

An dieser Stelle wird nochmals das Quadrantenmodell der Integralen Theorie interessant. Von den vier Quadranten gibt es nur einen, der deiner eigenen Kontrolle unterliegt: ICH (individuell + subjektiv). Dementsprechend ist bei aller Anstrengung nur ein Viertel der Erfolgsfaktoren durch eigene Kraft zu steuern. Drei Viertel unterliegen Einflüssen, die du teilweise mehr und teilweise weniger bzw. gar nicht lenken kannst. Ein Spiel mit vielen Unbekannten!

ICH

Den direkten Einfluss auf die inneren Konditionen hast du im ICH-Quadranten des Geschäfts. Damit gibst du dem Unternehmen Inhalte, Strukturen, Regeln und Ziele und prägst es durch deine Potenziale, Werte, Grenzen und Ängste.

ES

Die äußeren Umstände, die dich selbst und dein Unternehmen direkt betreffen, sind im ES-Quadranten verortet. Du musst dich ihnen stellen und kannst sie steuern, aber sie werden dich auch fordern und beeinflussen.

WIR

Ohne andere Menschen wird es nicht funktionieren. Im WIR-Quadranten entscheidet das Gelingen der Interaktion mit anderen über die Entwicklungen und Ergebnisse. Hier spielen auch die Werte und Ziele deiner Partner und Kunden eine entscheidende Rolle.

	individuell		
subjektiv	**ICH** → Arbeitszeiten und -orte → Angebot (Produkte/ Dienstleistungen) → Preise → Personal → Strategien → Unternehmensphilosophie → persönliche Potenziale → Grenzen → Ängste	**ES** → Mitbewerber bzw. Konkurrenz → Regeln und Gesetze → Finanzen und Finanzierung → Unfälle, Zufälle → Geräte, Technik	objektiv
	WIR → Kommunikation und Umgang mit – Kunden – Partnern – Mitarbeitern – Lieferanten – Vermietern etc. → Gestaltung von Verträgen → Führen von Verhandlungen	**ALLES** → Marktentwicklungen → Kaufkraft → politische Entwicklungen → gesellschaftliche Trends → Klima, Wetter → Unglücke, Katastrophen	
	kollektiv		

ALLES

Die äußeren Umstände, die viele Menschen betreffen und damit direkte und indirekte Einflüsse auf dein Geschäft haben, finden sich im ALLES-Quadranten.

Das Selbstständigsein ist ein Fließgleichgewicht der Kräfte aus allen vier Quadranten, denen jeder Unternehmer ausgesetzt ist. Manche dieser Kräfte wirken ganz unmittelbar und werden sehr bewusst, andere wirken indirekt, im Hintergrund und mehr oder weniger unbewusst. Wer sie alle kennt und berücksichtigt, kann jederzeit Entwicklungen, Risiken und Möglichkeiten erkennen und frühzeitig darauf reagieren.

Jede Veränderung in jedem Quadranten kann als Prüfung betrachtet werden, um die eigene Position und die eigenen Ziele kritisch zu beleuchten und ggf. zu korrigieren. Das kann über den Verstand, aber auch auf der Gefühlsebene gut funktionieren, am besten kommt natürlich beides zusammen. Bei jeder Korrektur kommt es nicht nur darauf an, herauszufinden, was möglich ist und wie es umgesetzt werden kann, sondern auch, wo es dich hinführt und ob du das wirklich willst.

Dadurch wird jedes Selbstständigsein zu einer Reise ins Unbekannte, die herausfordernd ist, die Sinne schärft, die inneren Haltungen und Einstellungen regelmäßig überprüft, die eigenen Potenziale und Grenzen vor Augen führt und ausgesprochen lebendig und vielseitig ist.

→ *Dein Einfluss ist wesentlich und doch beschränkt.*

→ *Selbstständigsein ist ein Fließgleichgewicht der Kräfte.*

Die Welt braucht mehr spirituell orientierte Selbstständige

Wer im Internet zum Thema „Existenzgründung" oder „Unternehmer" surft, findet viele Geschichten, Wettbewerbe und Angebote aus der „Start-Up-Glitzerwelt": Begriffe wie *Vorsprung, Erfolg, Leidenschaft, Innovation, hoch motiviert, vielversprechend* und *chancenreich* dominieren die Texte. Die Bilder zeigen fröhlich-dynamische Menschen im Business-Dress, mit Laptops, Sportwagen und schicken modernen Büros.

Diese Archetypen zeigen den vorwiegend wirtschaftlich orientierten Selbstständigen, und sie vermitteln die Illusion, dass diese Ausrichtung Erfolg verspricht. Die starke ICH-Orientierung spricht Menschen an, die in erster Linie an ihrem eigenen Vorankommen interessiert sind und vermittelt allen anderen, dass das so sein muss in der Selbstständigkeit. Es ist aber nur ein Aspekt von vielen, der ohne die anderen keine gesunde Zukunft hat.

Wer Erfolg an der Umsetzung von Werten misst, die neben der materiellen Ebene auch ideelle Inhalte haben, verlangt deutlich mehr. Ein größeres Bild entsteht, in dem Menschen, Ereignisse und Systeme nicht benutzt werden, um voranzukommen, sondern als Bestandteil unseres Lebens gewertschätzt und respektiert werden. Der materielle Erfolg ist nicht mehr das Ziel, sondern der Zweck, um etwas

→ *Höhere Ziele verlangen ein größeres Bild.*

→ *Ganzheitlicher Erfolg braucht mehr als ein starkes ICH.*

zu bewirken, zu verändern oder zu verbessern. Wer mit dem Selbstständigsein höhere Ziele verfolgt, muss das Ego ernst nehmen, darf sich aber nicht von ihm dominieren lassen.

Erfolg in diesem Sinne kann dann sein, mehr Zeit für die eigenen Kinder oder die Pflege der Gesundheit zu haben, mit dem verdienten Geld eine Stiftung zu gründen, die der Natur oder nachhaltigen Projekten zugutekommt, oder durch das eigene Geschäft Qualitäten zu schaffen, von denen die Menschen und der Planet langfristig profitieren.

Porträt: Soloprogramm für die Clowndame

Als Clown mit einem eigenen Soloprogramm aufzutreten, ist Margots großes Ziel. Als Mitglied eines Ensembles für kabarettistische und musikalische Revuen hat sie bereits Bühnenerfahrung sammeln können, Musik und Schauspiel haben ihr Leben geprägt. Aber noch nie hat sie ein Programm alleine entwickelt, organisiert und aufgeführt.

Margot verdient ihr Geld als Klavierlehrerin, Musik- und Theaterpädagogin. In einem Nebenjob regelt sie die Büroorganisation und Buchführung eines kleinen Ladens. Sie kommt finanziell gut zurecht, und an Abwechslung fehlt es ihr nicht durch die bunte Mischung ihrer verschiedenen Tätigkeiten. Was ihr fehlt, ist der Kick, ihr künstlerisches Potenzial ganz zu entfalten, anstatt für andere „kreative Dienstleistungen" zu erbringen. Es drängt sie danach, ihre eigenen Ideen umzusetzen, ihrem Gefühl für das, was wirkt, nachzugehen und der inneren Visionärin gemeinsam mit der Managerin in eigener Sache freien Lauf zu lassen! Kein Ego-Trip, sondern konsequente künstlerische Entfaltung in einem Bühnenprogramm, das die Zuschauer inspiriert, ihr eigenes Glück zu finden. Das nämlich ist ihr Thema: die verschiedenen Ausdrucksformen von Glück, die Dankbarkeit für das Unerwartete und das Annehmen von geschenkten Augenblicken.

Die größte Hürde dabei ist für Margot, sich selbst die eigene Größe zuzugestehen und Spaß und Lebensfreude zum Inhalt ihrer Arbeit zu machen, anstatt einer „vernünftigen" Tätigkeit nachzugehen. Nacheinander konfrontiert sie jede einzelne innere Blockade, in dem sie ihrer Herkunft und ihrer

Absicht folgt, meist über gestalterische Mittel wie Collagen, gemalte Bilder oder körperliche Ausdrucksformen. Gleichzeitig nährt sie die Kraft der Vision, indem sie über ihr Ziel spricht und alle Ideen und Impulse in einer riesigen Mappe sammelt, zu der sie ein altes Tapetenbuch umfunktioniert hat. Neben dieser inneren Arbeit sind auch äußere Aufgaben zu lösen, u.a. braucht Margot einen Musiker und einen Techniker für Ton und Beleuchtung, die sie auf der Bühne begleiten. Beide müssen Profis in ihrem Fach sein, künstlerisch versiert, ohne den Focus des Publikums von der Zentralperson – Margot – abzulenken. Sie schreibt jetzt Geschichten, entwirft Figuren und Bühnenbilder, textet Lieder und folgt dem Fluss ihrer Inspirationen. Ein Businessplan hilft ihr dabei, auch die Organisation, das Marketing und die Finanzierung ihres Projekts zu kanalisieren und die richtigen Entscheidungen zur richtigen Zeit zu treffen.

Alles dauert viel länger als ursprünglich erwartet, aber sie geht konsequent voran und freut sich über jeden Schritt, der sie ihrem Ziel näher bringt: der Premiere vor einem begeisterten Publikum in einem ausverkauften Haus. Sie findet Techniker und Musiker, besucht internationale Clown-Workshops und bucht Einzelunterricht bei einem berühmten Lehrer, um ihren Ideen den letzten Schliff zu geben. Margot verabschiedet sich von ihrem Revue-Ensemble und bündelt ihre verschiedenen Jobs so, dass nur noch die übrig bleiben, die sie nicht belasten.

Aus der Entwicklung ihres Soloprogramms sind mittlerweile schon die nächsten Geschäftsideen entstanden: ein Büchlein, verschiedene Postkarten und weitere künstlerische Accessoires zum Thema „Glück“, die zusammen mit dem Bühnenprogramm, aber auch ganz unabhängig davon, ihre Käufer finden können.

Fragen zur Selbsteinschätzung

Was tust du besonders erfolgreich?

....

....

....

....

Wem dienen deine Erfolge, wem kommen sie zugute?

....

....

....

Was heißt für dich Erfolg?

....

....

....

....

Wie setzt du das im Beruf um?

....

....

....

....

Wie setzt du das im Privatleben um?

....

....

....

....

Was willst du diesbezüglich verbessern?

....

....

....

....

Träume, Risiken und Grenzen

Die Selbstständigkeit als Weg des Kriegers und als Weg des Herzens zu gehen ist eine Wahl, die dir Erfüllung und Freiheit bringt. Du folgst damit deiner Absicht, dehnst deine Wahrnehmung aus, kannst Ängste überwinden und findest Sinn in deinem Tun.

Die Erfahrungen, die du dabei machst, erweitern deine Grenzen; sie bereichern dein eigenes Leben und das der Menschen, mit denen du zu tun hast.

Träume weisen dir die Richtung, aber gehen musst du selbst. Und immer dann, wenn die Dinge anders laufen, als du es dir vorgestellt hast, wird es spannend herauszufinden, was dir wirklich wichtig ist.

Der Weg des Kriegers

Auf eine bestimmte Art ist der Weg in ein spirituell orientiertes Selbstständigsein auch ein Weg des Kriegers. Damit ist nicht der Krieger gemeint, der kämpft, um sich gegen Angriffe zu verteidigen oder gegen andere zu gewinnen, obwohl beides durchaus hilfreich oder auch notwendig sein kann. Der Weg des Kriegers ist ein spiritueller Weg zu sich selbst, vom Bekannten zum Unbekannten. Er fordert Disziplin, Durchhaltevermögen und eine Verpflichtung sich selbst gegenüber, er führt dich auf eine vergnügliche Reise, freudig und voller Schönheit.

„Ein spiritueller Krieger hat erkannt, dass der einzige Sinn oder Zweck, den das Leben hat, die einzige Bedeutung, die ‚Absicht' ist, mit der er bzw. sie auf die Reise geht. Daher nimmt er das Leben niemals ernst und hat jede Menge Humor in seinem Reisegepäck. Er sucht absichtlich die Veränderung, die Bewegung und den Tod als Verbündete zu gewinnen, weil sie ihm helfen, die verschiedenen Tyrannen, denen er unterwegs begegnet, anzupirschen. Als Tyrannen bezeichnen wir jeden Menschen, Ort oder jede Situation, die ‚deine Knöpfe drückt', dich ausrasten lässt, bzw. dir das Gefühl gibt, dass du hilflos ausgeliefert bist. Der Krieger akzeptiert die Tyrannen als seine größten Lehrer." (Mary Flaming Crystal Mirror: *Süße Medizin. Die Lehren der Twisted Hairs*, Band 2, S. 147)

→ *Spirituell orientierte Selbstständige sind Krieger.*

→ *Der Sinn deines Lebens ist die Absicht, mit der du es lebst.*

Der Weg des Herzens

Wenn der Weg des Kriegers auch ein Weg des Herzens ist, kommen weitere Qualitäten hinzu: die innere Haltung und Einstellung sich selbst, dem Leben und anderen gegenüber, Wissen, um der Freude willen zu suchen, permanent zu wachsen und seine Grenzen ständig zu erweitern. Wer diesen Weg beschreitet, wird immer wieder mit neuen und unerwarteten Situationen konfrontiert sein, muss sein Gleichgewicht immer wieder neu finden und bequeme Gewohnheiten loslassen.

Das Ziel dieses Weges ist es, beim Gehen aus den eigenen Beschränkungen und Begrenzungen hinauszutreten, den eigenen Schatten zu erkennen und wirklich frei zu werden.

„Ein Pfad ist nur ein Pfad", diese Erkenntnis von Don Juan aus Carlos Castanedas *Die Lehren des Don Juan* bedeutet, dass du ihn jederzeit verlassen kannst, wenn du das Gefühl hast, dass er nicht mehr der Richtige ist.

Um festzustellen, ob du ihn weiter beschreiten oder ihn lieber verlassen sollst, brauchst du Klarheit und Selbsterkenntnis und die Wahrnehmung für das, was dein Herz dir signalisiert. Die Gründe, warum du auf alten Wegen bleibst, obwohl das Herz dir etwas anderes rät, sind unter anderem, dass du noch keinen neuen Weg kennst, Angst vor der Veränderung hast, dich anderen gegenüber verpflichtet fühlst, dein Ehrgeiz, erfolgreich zu sein, Erschöpfung oder Depression.

→ *Geh deinen Weg und folge deinem Herzen.*

→ *Der Weg des Herzens macht dich leicht und frei.*

Der US-amerikanische Psychotherapeut und Schriftsteller Arnold Mindell schreibt: „Um den Pfad des Herzens zu finden – dem Strom der Natur zu folgen –, brauchen wir mehr disziplinierte Bewusstheit als Selbsterkenntnis. Denn der Pfad des Herzens ist einfach der ‚leichte' Weg; er ist das uralte Tao, dem aber niemand folgen kann ohne Wahrnehmung dessen, was geschieht. In diesen Augenblicken, in denen wir unsere zweite Aufmerksamkeit gebrauchen, unseren Traumkörper spüren und das Tao finden, wissen wir, dass wir auf der richtigen Spur sind; denn, egal, ob wir hart arbeiten oder nicht, haben wir das Gefühl, wir brauchten überhaupt keine Energie. Alles geschieht in Übereinstimmung mit uns selbst, und es ist, als würden wir mit einer Welle im Strom des geringsten Widerstandes fließen." (Arnold Mindell: *Den Pfad des Herzens gehen*, S. 163)

Die Botschaft der Träume

Schamanisch betrachtet sind unsere Träume ein Teil der Realität, die nicht vom Verstand kontrolliert wird, sondern ein Eigenleben hat, eine eigene Welt. Das gilt für die umfangreichen nächtlichen Träume genauso wie für Tagträume, die manchmal nur Sekundenbruchteile dauern. Sie kommen von selbst, sind oft kurios oder skurril und weniger logisch als vielmehr fantastisch. Wenn sie dir besonders auffallen, z.B. indem sie sich wiederholen oder dich emotional aufwühlen, dann scheint ihre Botschaft besonders gehaltvoll oder essenziell zu sein. Diese Träume drängen danach, gelebt zu werden, d. h. als Teil deines Lebens Raum und Aufmerksamkeit zu bekommen. Wenn du das tust, dann hast du das Gefühl „auf dem richtigen Weg zu sein“. Was du tust, gelingt, und es strengt dich kaum an.

Diese wahren Träume zu unterscheiden von den oberflächlichen Verlockungen, die uns z.B. in Form von Berühmtheit, Gewinnen oder Reichtum begegnen, ist wohl die zentrale Herausforderung aller spirituellen Wege: Lebst du deine Bestimmung, bist du am richtigen Platz im Leben, dienst du einem höheren Selbst oder wirst du gelebt von Illusionen, Wünschen und Sehnsüchten, die mächtig, aber nicht erfüllend sind? Du erkennst den Unterschied, indem du dich auf den Weg machst, deinem Herzen und deiner Wahrnehmung folgst und den wirklichen Traum Realität werden lässt. Es tut weh, wenn scheinbare Träume zerplatzen, ist aber zugleich befreiend, dich von Vorstellungen zu lösen, die einfach nicht zu dir passen.

→ *Lass deine Träume Wirklichkeit werden!*

→ *Lebe deine Bestimmung und diene deinem höheren Selbst!*

Die Angst vor dem Unbekannten überwinden

Mut braucht es schon, um aus der Komfortzone des Gewohnten herauszutreten, denn selbst wenn es vielleicht gar nicht so komfortabel dort ist, so ist doch alles bekannt und vertraut. „Die meisten Menschen bleiben ihr Leben lang in der Scheiße sitzen und jammern jeden Tag darüber, dass sie so fürchterlich stinkt – denn sie ist behaglich warm!", hat mir ein Lehrer mal mit auf den Weg gegeben, um den Zusammenhang zwischen Wachstum und Veränderung zu illustrieren. Wer also raus will aus dem Gewohnten, darf die vorübergehende Abkühlung nicht scheuen. Und wenn die entscheidenden Schritte dann getan sind, stellt sich das womöglich sogar als wohltuende Erfrischung dar!

Ohne an Grenzen zu geraten, wird es auch nicht funktionieren. Dabei geht es meist weniger um die Grenzen des Möglichen, sondern vielmehr um die Grenzen der eigenen Wahrnehmung. Grenzen verursachen Angst, denn dahinter ist unbekanntes Terrain, und sie werden meist geschützt und bewacht. Weise ist es, diese Grenzen nicht rücksichtslos zu verletzen oder zu überschreiten, sondern sich ihnen behutsam anzunähern, um sie zu studieren. Meistens passiert dadurch eine Veränderung, und der eigene Horizont wird weiter. Die Grenze wird plötzlich durchlässig oder verändert ihre Gestalt, die Wächter werden zu Verbündeten.

→ *Verlasse das Gewohnte und hör auf zu jammern!*

→ *Erweitere die Grenzen deiner Wahrnehmung permanent!*

Arnold Mindell hat die Grenze als den Ort zwischen den bewussten und den unbewussten Bereichen unseres Lebens beschrieben. Sie offenbart sich in all den Situationen, wo die Dinge anders laufen, als es dir recht ist, wo du irritiert, wütend und verzweifelt bist. Anstatt in solchen Momenten aufzugeben und umzukehren, werden „Herzenskrieger" aufmerksam und neugierig – hier gibt es etwas zu erfahren!

Die unbewussten Bereiche unseres Lebens sind sehr viel größer und mächtiger als die bewussten. Daher lohnt es sich für diejenigen, die sich für einen spirituellen Weg entschieden haben, diese kennenzulernen. Das Selbstständigsein als Lebens- und Arbeitsform ist wunderbar dafür geeignet, da es regelmäßig derartige Grenzsituationen und Ereignisse hervorruft.

Porträt: Wildkräuterspezialistin mit Restaurantanschluss

Als Spezialistin für Wildkräuter bietet Annette das ganze Jahr über geführte Wanderungen an, bei denen man deren bevorzugte Standorte, ihren jahreszeitabhängigen Wuchs, die genießbaren Anteile und ihre Zubereitung kennenlernen kann.

Der Clou dabei ist die Kooperation mit dem Wirt und dem Koch eines Landgasthofs, der nicht nur als Ausgangs- und Zielort für die Wanderungen dient, sondern die Wildkräuter in den Mittelpunkt seiner kreativen, frischen und regionalen Speisekarte stellt. Dort finden auch Seminare und Workshops zum Thema Wildkräuter statt. Erklärt wird z. B., wie sie haltbar gemacht werden, wie Kosmetika daraus hergestellt werden können und welche Heilwirkungen sie haben. Ein Kräuterfrauen-Stammtisch trifft sich regelmäßig zum Gedankenaustausch. Außerdem werden dort Spezialitäten zum Mitnehmen hergestellt, z.B. Kräuterpesto, Kräutersalze etc.

Mit viel Engagement und Herzblut hat Annette es geschafft, regelmäßig im regionalen Fernsehen, in den Tageszeitungen und in Kulturmagazinen porträtiert zu werden, was die beste Werbung für ihre Angebote ist. Der Landgasthof mit seiner Kräuterküche veranstaltet Landlust-Büfetts, wo Fische, Pilze und weitere regionale Spezialitäten aufgetischt werden; er wurde als kulinarische Besonderheit in Merian- und Slowfood-Genussführer aufgenommen.

Dabei gibt immer wieder Schwierigkeiten, was das Haus und das Grundstück des Landgasthofs betrifft. Das Haus ist mehrere Jahrhunderte alt und bereitet regelmäßig unerwartete Überraschungen, z.B. einsturzgefährdete Wände, Kabelbrände etc. Haus und Grundstück sind von der Bank gepachtet, die es von den Vorbesitzern übernommen hatte und regelmäßig mit der Kündigung droht, ohne Perspektiven für alle Beteiligten anbieten zu können. Das Haus zu kaufen ist nicht möglich, weil die Kosten für Kauf und Sanierung eine wirtschaftlich tragbare Größenordnung bei Weitem übersteigen. Seit Jahren rechnen daher alle Beteiligten mit dem täglich möglichen „Aus“, entweder aus baulichen oder aus besitzrechtlichen Gründen. Gleichzeitig funktioniert das Projekt aber von Monat zu Monat besser.

Annette hatte sich schnell darauf eingestellt, ihr Projekt so lange auszubauen, wie es dort möglich ist. Und wenn es durch äußere Umstände beendet wird, dann wird sie andere Möglichkeiten finden. Diese Haltung, die jede längerfristige Planung unmöglich macht, hat dazu geführt, nur im Hier und Jetzt zu agieren. Und das ist bis heute sehr erfolgreich gelungen.

Fragen zur Selbsteinschätzung

→ *Wo bist du bereits ein ernst zu nehmender Krieger, wo noch nicht?*

....

....

....

....

....

→ *Wo und wie beschreitest du deinen persönlichen Weg des Herzens?*

....

....

....

....

....

→ *Welche Grenzen fordern dich besonders heraus?*

→ *Welche hast du bereits gemeistert?*

Krisen meistern

Probleme sind Herausforderungen, die dir zeigen, wo du stehst. Sie sind ein deutlicher Spiegel und können dich lehren, neue Strategien zu finden und alte Ursachen zu erlösen. Herz und Hirn, Geist und Materie sind gleichermaßen gefragt dabei, gute Lösungen zu finden, die dauerhaft funktionieren.

Wenn ein Projekt, eine Geschäftsidee oder ein ganzes Unternehmen gefährdet sind, gibt es viel zu lernen, aber keinen Grund zu verzweifeln.

Durch Konzentration auf das Wesentliche und Wiederbelebung deiner Träume kannst du neue Kräfte freisetzen und dich immer weiter verbessern.

Probleme sind Spiegel

Immer wenn die Dinge anders laufen, als du es dir wünschst – und das kommt in der Selbstständigkeit regelmäßig vor, mitunter täglich – stellt sich die Frage, was zu tun ist. Manche Probleme lösen sich von selbst, andere stellen sich als unwichtig heraus. Es gibt aber auch solche, die dich stark beschäftigen, und bei denen lohnt es sich, genauer hinzusehen. Im Grunde sind Probleme immer Herausforderungen: Dein Herz und dein Verstand werden gebraucht, um an der Lösung zu wachsen und künftig besser zu werden. In solchen Momenten empfehle ich immer zuerst, die Zeitmanagementmatrix aus dem Buch *Der Weg zum Wesentlichen*

	DRINGEND	NICHT DRINGEND
WICHTIG	1. A-Herausforderungen: **NOTWENDIGKEIT** → Krisen → Akute Gefahren → Existenzielle Risiken → Heftige Angriffe	2. B-Herausforderungen: **QUALITÄT** → Potenzielle Gefahren → Wiederholte Ärgernisse → Führung und Organisation → Grundsätzliche Entscheidungen
NICHT WICHTIG	3. C-Herausforderungen: **TÄUSCHUNG** → Sticheleien → Verlockungen → Befristete Angebote → Nervige Anrufe	4. D-Herausforderungen: **VERSCHWENDUNG** → Probleme anderer Personen → Ablenkungen → Langeweile → Launen

von Steven R. Covey zu beachten. Die Matrix wurde von mir adaptiert, um die anfallenden Herausforderungen in eine sinnvoll zu bewältigende Reihenfolge zu bringen:

Nur die A- und B-Herausforderungen aus dem ersten und zweiten Feld haben überhaupt deine Aufmerksamkeit verdient, da sie mit wichtigen Themen für dein Geschäft zu tun haben. Leider gelingt es aber den C- und D-Herausforderungen aus dem dritten und vierten Feld immer wieder, unsere Wahrnehmung zu dominieren, und du verlierst darüber das Wesentliche aus den Augen. Es sind Energieräuber, die erkannt und eliminiert werden müssen, damit du deine vorhandenen Kräfte effektiv und wertschätzend einsetzen kannst.

Wenn dich nun ein Thema, gleich aus welchem Feld, beschäftigt, kann es hilfreich für seine Lösung sein, die Herausforderung anzunehmen und es als Spiegel willkommen zu heißen, statt es schnell loswerden zu wollen. Damit meine ich nicht, dass Probleme nicht bewältigt werden müssen, es kann sich aber lohnen, von ihnen zu lernen. Dann verlagern sie sich nicht auf andere Ebenen oder wiederholen sich ständig, sondern sie sind tatsächlich erledigt.

Wer die Herausforderung als Spiegel sehen möchte, stellt sich die Frage: „Was willst du mir mitteilen, liebes Thema, welche Botschaft hast du für mich?“ Die Antwort darauf sollte sowohl vom Verstand als auch vom Herzen kommen. Möglicherweise sind es verschiedene Antworten, und beide

→ Löse Probleme durch klare Prioritäten!

→ Wachse und reife an deinen Herausforderungen!

sind wichtig und wertvoll für dich. Der Hintergrund der Frage ist, dass ein Problem nur entstehen kann, wenn dafür ein Raum vorhanden ist, ein Resonanzboden, auf dem es sich entwickeln und verstärken kann.

Mit anderen Worten: dir kann nur etwas widerfahren, weil du es zulässt und die Gelegenheit dafür zur Verfügung stellst. Wenn du eine Herausforderung annimmst und auf diese Weise herausfindest, welche deiner Handlungen oder Unterlassungen dich in diese Lage gebracht haben, dann wächst du an ihrer Lösung mehrfach. Denn du bewältigst die Krise auf diese Weise nicht nur kurzfristig, sondern auch, indem du nachhaltig etwas an dir veränderst.

Sollte das Thema sich dennoch wiederholen, dann warst du nachlässig und die Erkenntnis nicht von Dauer, oder es gibt weitere Erkenntnisse zu gewinnen, die dir beim ersten Mal nicht deutlich geworden sind.

Materiell oder spirituell?

Wenn Herz und Hirn verschiedene Botschaften senden, wenn die verstandesmäßige Lösung einer Herausforderung andere Maßnahmen erfordert als die intuitive, dann musst du entscheiden, was in dieser Situation wichtiger für dich und dein Geschäft ist: Folgst du dem Tonal, der Materie, dem Tagesbewusstsein, dann stehen rationale Entscheidungen und Handlungen an, die in der Regel logisch begründet und anderen daher leicht erklärt werden können. Folgst du dem Nagual, dem Geist, dem Traumbewusstsein, dann kommst du an Themen, die du aus dem Gefühl heraus bearbeitest, die anderen meist nicht logisch oder vertraut, sondern eher seltsam vorkommen.

Beide Ebenen, Tonal und Nagual, sind wesentlich für deine unternehmerischen Fortschritte. Wer nur materiell orientiert handelt, mag nach den Regeln der Betriebswirtschaft sehr erfolgreich werden, geht damit aber keinen spirituellen Weg. Wer nur dem Geist folgt, mag sich spirituell weit entwickeln, wird meistens aber kein Geschäft zustande bringen, mit dem man Geld verdient.

Das Selbstständigsein als spiritueller Weg lehrt dich, beides miteinander zu verbinden, Synergien zu erzeugen zwischen Geist und Materie, Materielles und Spirituelles nicht als Gegensätze, sondern als Partner wahrzunehmen. Es lehrt dich, dass beide Ebenen immer vorhanden sind und du in jedem Augenblick neu entscheidest, welcher du deine Aufmerksamkeit schenkst und von welcher du dich führen lässt.

→ *Bring Herz und Hirn in Balance!*

→ *Erzeuge Synergie aus Geist und Materie!*

Scheitern oder stolpern

Es gibt keine gesicherten Zahlen darüber, wie viele Selbstständigkeiten bald nach der Gründung oder in späteren Stadien wieder eingestellt werden. Das liegt daran, dass es dafür keine zentrale Datenerfassung gibt: Manche Selbstständige müssen ein Gewerbe anmelden und andere nicht; es bestehen formale Selbstständigkeiten, die gar nicht aktiv betrieben werden; manche werden inhaltlich neu gegründet und bleiben äußerlich unverändert, etc.

Über die Gründe, warum Selbstständigkeiten beendet werden, gibt es hingegen reichlich Informationen. Die wichtigsten sind:

- → Informationsdefizite
- → Qualifikationsmängel
- → Planungsfehler
- → Finanzierungsmängel
- → Familiäre Probleme
- → Überschätzung
- → Kein Netzwerk
- → Defizite in Marketing und Kommunikation
- → Falsche Kunden
- → Zu wenig Pausen und Erholung
- → Keine klaren Ziele
- → Existenzangst
- → Äußere Einflüsse

Viele der genannten Probleme kannst du durch eine gute Vorbereitung vermeiden, einige lassen sich gut lösen, wenn du sie rechtzeitig bemerkst und dann mit hoher Priorität behandelst. Es gibt aber auch Faktoren, die unvorhergesehen eintreten und nicht bewältigt werden können, weil sie zu mächtig sind oder die nötigen Ressourcen nicht mobilisiert werden können. Und es gibt die Art von Herausforderungen, die dich zu einer Neubewertung der unternehmerischen Gesamtsituation führen, mit dem Ergebnis, dass die Lösung zwar möglich ist, aber Konsequenzen von dir erfordert, zu denen du nicht bereit bist. In diesem Fall heißt Lösen dann auch Loslassen.

Viele sprechen vom „Scheitern“, wenn eine berufliche Selbstständigkeit nicht funktioniert hat. Die Betroffenen, die in diesem Moment sowieso schon in einer unangenehmen Situation sind, weil viele Aufgaben zu lösen sind, um den Schaden zu begrenzen, werden dadurch auch noch als unfähig stigmatisiert. Das führt dazu, dass die meisten sich auch als Verlierer oder Versager fühlen, was ihnen in diesem Moment wertvolle Energie zur Bewältigung der notwendigen Formalitäten nimmt.

In Norwegen – und sicher auch noch in anderen Ländern – spricht man stattdessen vom „Stolpern“. Das klingt wesentlich weniger dramatisch und beinhaltet vor allem die Chance, wieder aufzustehen und weiterzugehen. Tatsächlich sind viele erfolgreiche Unternehmerinnen und Unternehmer nicht mit ihrem ersten Geschäft durchgestartet, auch nicht mit dem zweiten, ihr Durchbruch kam nicht selten mit dem dritten, vierten oder fünften Anlauf.

→ *Wenn du fällst, steh wieder auf!*

→ *Der einzige Fehler, den du machen kannst, ist, aus deinen Fehlern nichts zu lernen.*

Du hast gelernt, aufrecht zu gehen, indem du als Kind im ersten und zweiten Lebensjahr beim Krabbeln irgendwann mal versucht hast, aufzustehen. Das gelang dir nicht beim ersten Versuch, du bist unzählige Male kurz gestanden, um dann sofort wieder hinzufallen. Das tat weh, du warst wütend und enttäuscht, hast geschrien und geweint, immer wieder von Neuem. Du hast aber trotzdem gelernt, wie du aufrecht stehen und gehen kannst – weil du nie aufgehört hast, es zu versuchen. Warum also sollte ein misslungener Versuch des Selbstständigseins nicht dazu führen, einfach den nächsten Versuch zu wagen?

Porträt: Von großen Träumen zu ehrlichen Geschäften

Der Heilpraktikerberuf und das Selbstständigsein waren sein Traum, weil er hier seine Liebe zur Natur, sein Bedürfnis nach Freiheit und sein Interesse für Menschen und Gesundheit optimal kombinieren konnte. Außerdem leitete Stephan Gesundheitskurse an Volkshochschulen und in der betrieblichen Gesundheitsförderung, weil es ihm Spaß machte, sein Wissen weiterzugeben. Er studierte Medizinpädagogik, gründete und leitete eine Heilpraktikerschule, baute eine Regionalgruppe im Heilpraktikerverband auf und war als Lehrer in der Ausbildung von Krankenpflegekräften, Physiotherapeuten und Masseuren tätig.

Dann zerbrach seine Ehe, und der Traumberuf wurde ihm zur Last: Stephans Wunsch nach Natur kollidierte mit dem Leben in der Großstadt und beruflich fehlte ihm das Positive – alles drehte sich nur um kranke Menschen und die Erkennung bzw. Behandlung von Krankheiten. Die Liebe führte ihn in eine viel kleinere Stadt mit Natur- und Biosphärenreservaten im Umland, er gründete eine neue Freiberuflichkeit als ganzheitlicher Coach. Jetzt arbeitete er mit Gesunden, denen er half, gesund zu bleiben und ihr Leben so zu gestalten, dass die Lebensfreude wächst. Er lebte in einem Haus mit Katze und Garten, begann Gemüse anzubauen und kaufte sich ein Pferd. Später beteiligte er sich an der Leitung einer Unternehmerschule und eines Projekts, in dem arbeitslose Menschen neue berufliche Perspektiven entwickeln.

In internationalen Fortbildungen erweiterte er seinen Horizont und seine Kompetenzen, um daraufhin sein Herzblut, seine Energie und sein Geld in die Gründung eines

Unternehmens zu stecken, das Führungs- und Teamseminare durchführt, bei denen Pferde als Spiegel und Katalysator wirken. Sieben Jahre lang investierte er in diesen neuen Traum, leitete Seminare und Workshops in ganz Deutschland, hatte Mitarbeiter, Praktikanten, eine ausgefeilte Büro-Logistik und einen hervorragenden Kundenservice. Der Markt und die Kunden honorierten es nicht, die Seminare und Workshops wurden trotz der hohen Qualität kaum gebucht. Diese neue Krise brachte Stephan die Erkenntnis, dass er mit diesem Geschäft nicht den eigenen Traum träumte und dass große Unternehmen und angestellte Führungskräfte gar nicht die Kunden sind, mit denen er am liebsten arbeitet.

Tatsächlich sind es die Selbstständigen, Freiberufler, Einzelunternehmer und kleinen Teams, die innovative, ungewöhnliche Dienstleistungen, Produkte und Arbeitsformen entwickeln, die etwas mit ihnen selbst zu tun haben. Menschen, die so sind wie er selbst – neugierig, mutig, inspiriert von ihren Werten und der Absicht, für andere einen echten und ehrlichen Nutzen zu schaffen. Heute arbeitet er als Unternehmer- und Gründercoach und Autor, hat sein Büro im Garten, besitzt zwei Pferde und vier Bienenvölker und gewährleistet mit dem Gemüseanbau die Selbstversorgung für sich und seine Frau im Sommerhalbjahr.

Fragen zur Selbsteinschätzung

→ *Was sind deine (beruflichen) Träume?*

....

....

....

→ *Was hält dich davon ab, sie zu leben?*

....

....

....

....

→ *Worüber bist du schon mal „gestolpert“, um anschließend daran zu wachsen?*

....

....

....

→ *Wie hast du es geschafft, wieder aufzustehen und in deine Mitte zu kommen?*

....

....

....

→ *Wie richtest du wichtige Entscheidungen aus – tonal (materiell, rational, logisch) oder nagual (nach Gefühl, Geist und Träumen)?*

....

....

....

Individuelle Strategien

Jeder Mensch ist anders und jede Unternehmung auch. Je besser du dich selbst erkennst und je freier und flexibler du in deinem Handeln wirst, umso mehr Möglichkeiten hast du, dein Leben und deine Geschäfte so zu gestalten, dass alle wichtigen Kräfte in Balance sind. In der Selbstständigkeit bist du selbst dein wertvollstes Werkzeug und dein wichtigstes Kapital, der sorgfältige Umgang und die regelmäßige Pflege danken es dir mit Gesundheit und Wohlbefinden. Mit Achtsamkeit, Feingefühl und Neugier wird es dir gelingen, die richtigen Wege und die passenden Menschen zu finden, um funktionierende Strategien zu entwickeln und umzusetzen. Reichtum auf allen Ebenen ist dann dein Lohn dafür.

Der weibliche und der männliche Weg

Frauen und Männer gründen anders, und vor allem leiten sie ihre Unternehmen recht unterschiedlich. Die männliche oder weibliche Essenz, die nicht unbedingt dem tatsächlichen Geschlecht entsprechen muss, beruht auf Prinzipien, die niemand so gut beschrieben hat wie David Deida. Menschen mit männlicher Essenz sind in ihrer stärksten Ausprägung von einer Aufgabe, einer Mission getrieben, sie verfolgen Ziele, suchen Freiheit und leben auf Messers Schneide. Menschen mit weiblicher Essenz sind auf der Suche nach Liebe, Berührung, Beziehung und Familie. Nach diesen Sehnsüchten richten sie auch ihr Selbstständigsein aus.

„Ein Mann sollte in die Welt ebenso eindringen wie in eine Frau: nicht aus Gewinnsucht oder zum Vergnügen, sondern um mehr Liebe, mehr Offenheit und mehr Tiefe zu erfahren. [...] Sind Sie [...] bereit, Ihre eigene Wahrheit zu entdecken und anzunehmen, sich durch Ihre Ängste hinauszuwagen und alles zu geben, was Sie haben, dann können Sie die Welt und Ihre Partnerin aus Ihrem tiefsten Wesenskern durchdringen und grenzenlos in die Liebe erblühen lassen. [...] Sie können mit einer derart bleibenden Liebe in die Welt drängen, dass die Welt sich öffnet und Ihre tiefsten Gaben annimmt." (David Deida: *Der Weg des wahren Mannes*, 2006, S. 41-42).

Damit beschreibt Deida nicht nur die männliche Essenz, sondern auch ihre Herausforderungen. Wenn es gelingt, diese starken Energien unternehmerisch zu nutzen und umzusetzen, kann nur etwas Großartiges entstehen! Im Sinne des integralen Quadrantenmodells finden sich die zentralen Aufgaben und Stärken der männlichen Essenz im ersten Quadranten

(ICH). Strukturen aufbauen, Strategien entwickeln und Macht ausüben sind typische Motivatoren für den maskulinen Weg und wesentliche Triebfedern seiner geschäftlichen Aktivitäten. Die Gefahren liegen darin, die anderen drei Quadranten zu vernachlässigen (WIR, ES, ALLES). Es sind die Stärke und das Dilemma der männlichen Essenz, es alleine schaffen und im Mittelpunkt stehen zu wollen.

Die weibliche Essenz wird mehr vom zweiten Quadranten (WIR) repräsentiert. Der Wunsch nach Gemeinschaft und die Bereitschaft zum Miteinander sind ihre großen Stärken, gerade im Aufbau und der Führung von Beziehungen, Netzwerken und Kooperationen. Sie baut die Brücken, die alles verbinden und zusammenhalten, schafft die Pfade für Kommunikation und Distribution und pflegt die Kontakte, ohne die alles nichts ist. Für den femininen Weg liegen die Gefahren darin, zugunsten des Gemeinsamen das Eigene zurückzustellen, z.B. beim Treffen von Entscheidungen, dem Durchsetzen wichtiger Prinzipien und der Forderung nach genügend Raum für die persönlichen Wünsche und Bedürfnisse.

David Deida schreibt über die weibliche Essenz: „Der grenzenlose Ort, auf den deine Liebe Licht wirft, lässt sich nicht mit Worten beschreiben. [...] Meine Füße, dein Lächeln, die Bäume, sie alle sind aus diesem Glück, dieser Offenheit, dieser Liebe gemacht. Es gibt keine Worte für das, was nicht anders als alles andere ist und sich doch tiefer als alles öffnet und sich weiter ausdehnt als alles. Deine Liebe lädt mich ein, zu dieser Offenheit zu erwachen." (David Deida: *Du bist Liebe*, 2008, S. 65–66)

→ *Die männliche Essenz lebt auf Messers Schneide.*

→ *Die weibliche Essenz schafft Gemeinschaft und Verbindung.*

Gesundheit als Kapital

„Seit ich selbstständig bin, bin ich kaum noch krank" – diesen Satz höre ich regelmäßig, und er trifft auch für mich selbst zu. Woran mag das liegen? „Naja, die können es sich ja auch nicht erlauben", ist ein naheliegender Gedanke, und ich glaube, dass er stimmt. Er ist aber nur ein Teil der Wahrheit.

Natürlich wirst du, wenn deine Existenz davon abhängt, dass du produktiv bist, genau überlegen, wie oft und wie lange du diese Produktivität unterbrechen kannst, um Körper und Geist zu regenerieren, wenn sie sich mit Beschwerden bemerkbar machen. Andererseits treten solche Beschwerden aber viel seltener auf, wenn du jede Stunde, jeden Tag und jede Woche so gestaltest, wie es für dich am besten ist, und wenn deine Fähigkeiten und Talente den nötigen Raum haben, sich zu entfalten und zu erblühen.

Die Notwendigkeit und Gelegenheit, permanent aufmerksam und sensibel für deine Bedürfnisse zu sein, um dein wertvollstes Werkzeug, Inventar und Kapital – dich selbst – im Wert zu erhalten und zu steigern, führt immer mehr dazu, dass du die wichtigsten Faktoren für dein Wohlbefinden in deinen Tages- und Wochenablauf integrierst. Selbstständige dürfen das, sie müssen es sogar, da ihr langfristiger beruflicher Erfolg unmittelbar davon abhängt.

Bis vor einigen Jahren gab es keine Krankenversicherungspflicht für Selbstständige, und ich kenne einige, die damit gut gefahren sind, weil sie auch tatsächlich keine

→ Du bist dein wertvollstes Werkzeug, Inventar und Kapital.

→ Selbstständigsein stärkt die Gesundheit.

gebraucht haben. Wer Arztbesuche und Medikamente aus eigener Tasche bezahlt, prüft kritisch, was notwendig ist, und findet oft Wege, die günstig, hilfreich und selbstbestimmt zugleich sind.

Die beste Versicherung für eine gute Gesundheit ist immer noch die eigenverantwortliche Pflege derselben, und das Selbstständigsein kann ein wichtiger Bestandteil davon sein. So gesehen macht Selbstständigsein gesund, wenn es wohlgeformt und organisiert ist.

Sei achtsam

Der Weg des Selbstständigseins wird dich verändern, mehr als du dir vorstellen kannst. Du kommst in Situationen und triffst auf Menschen, von denen du nicht einmal geahnt hättest, dass es sie gibt. Du wirst Hochs und Tiefs erleben, die viel Energie mitbringen, viel Freude und viel Schmerz. Die meisten Menschen, die sich für diesen Weg entschieden haben, gehen ihn weiter, weil sie Gefallen daran finden. Für viele ist es eine Entscheidung ohne Umkehrmöglichkeit. Wer längere Zeit selbstständig ist, passt kaum noch in ein Angestelltenverhältnis. Andere Themen werden wichtig, andere Freunde und Partner wertvoll. Du wirst anders denken und handeln, andere Prioritäten setzen und andere Entscheidungen treffen. Dein Leben verändert sich, weil du dich veränderst.

Überlege gut, ob es der Weg ist, den du dir wünschst. Prüfe die Möglichkeiten, die Risiken und die Konsequenzen. Frage Herz und Hirn, frage Freunde und Verwandte, frage andere Selbstständige, frage Berater und Coaches – und dann entscheide dich für das, was du für richtig hältst. Wenn du dann selbstständig bist, sei so frei, jederzeit neu zu entscheiden, neu zu bewerten, alles zu verändern – es ist dein Leben! „Das einzig Beständige ist die Veränderung" trifft auf das gesamte Leben zu; im Selbstständigsein wirst du dein Leben in verdichteter Form erfahren – mit allem, was dazugehört.

→ *Selbstständige denken, handeln und leben anders.*

→ *Es ist dein Leben – mach etwas daraus!*

Fragen zur Selbsteinschätzung

→ *Was ist stärker in dir, die männliche oder die weibliche Essenz?*

→ *Was bedeutet das für deinen Weg des Selbstständigseins?*

→ *Was ist dir besonders wichtig für deine Gesundheit?*

→ *Was hat dieses Buch bei dir bewirkt?*

....

....

....

....

→ *Was wirst du jetzt als Nächstes unternehmen?*

....

....

....

....

→ *Wer kann dich dabei unterstützen?*

....

....

....

....

Epilog

Die vorgestellten Existenzgründer, Selbstständigen und Unternehmer sind alle real, und jeder von ihnen geht den Weg, den dieses Buch beschreibt, auf seine eigene Art und Weise.

Ihr Weg ist nicht einfach, er führt sie durch Anstrengungen und Angriffe, auf Abwege und in Abenteuer. Sie kommen unterschiedlich gut voran und erleben ganz verschiedene Tiefschläge und Erfolge. Zum Zeitpunkt der Veröffentlichung dieses Buches wird bereits viel Neues geschehen sein. Vielleicht sind sie mittlerweile berühmt geworden mit ihrer Tätigkeit oder sie machen jetzt etwas vollkommen anderes. Sicher ist, dass sie ein bewusstes und erfülltes Leben leben, egal was ihnen passiert.

Wenn du an der ein oder anderen Geschäftsidee oder der dahinterstehenden Person so viel Interesse gewonnen hast, dass du die Menschen persönlich kennenlernen möchtest, nimm Kontakt mit mir auf, ich vermittle gerne die Verbindung.

Kontakt

Der Autor Stephan Gerd Meyer ist integraler Unternehmer- und Gründercoach. In seiner Praxis unterstützt er Menschen dabei, ihren persönlichen beruflichen Weg zu finden und erfolgreich zu gehen. Sein Motto „Wachsen zum Wohle Aller“ ist das Leitmotiv, an dem er seine eigene Tätigkeit und die Projekte seiner Klienten dabei regelmäßig misst. Mit Neugier, Wertschätzung, Humor und Tiefgang folgt er in seiner Arbeit der Essenz, die Menschen und die von ihnen geschaffenen Unternehmungen ausmacht.

Internetauftritt von Stephan Gerd Meyer:
www.stephangerdmeyer.de

Haben Sie Fragen an Stephan Gerd Meyer?
Anregungen zum Buch?
Erfahrungen, die Sie mit anderen teilen möchten?
Nutzen Sie unser Internetforum:
www.mankau-verlag.de

Anhang 1: Literatur

Beck, Don Edward; Cowan, Christopher C.: *Spiral Dynamics – Leadership, Werte und Wandel: Eine Landkarte für das Business, Politik und Gesellschaft im 21. Jahrhundert.* Kamphausen. Bielefeld 2007

Castaneda, Carlos: *Die Lehren des Don Juan: Ein Yaqui-Weg des Wissens.* Fischer Taschenbuch Verlag. Frankfurt am Main 2011

Covey, Steven R.: *Der Weg zum Wesentlichen: Der Klassiker des Zeitmanagements.* Campus Verlag. Frankfurt a. Main 2007

Deida, David: *Der Weg des wahren Mannes: Ein Leitfaden für Meisterschaft in Beziehungen, Beruf und Sexualität.* Kamphausen. Bielefeld 2006

Deida, David: *Du bist Liebe: Männer, Sex und tiefes Liebesglück – ein Ratgeber (nicht nur) für Frauen.* Kamphausen. Bielefeld 2008

Faltin, Günter: *Kopf schlägt Kapital. Die ganz andere Art, ein Unternehmen zu gründen. Von der Lust, ein Entrepreneur zu sein.* Hanser Verlag. München 2011

Flaming Crystal Mirror, Mary: *Süße Medizin. Die Lehren der Twisted Hairs*, Band 2, Vier-Welten-Verlag 2000

Lübeck, Walter: *Das Tao des Geldes.* Windpferd Verlag. Oberstdorf 1997

Mindell, Arnold: *Den Pfad des Herzens gehen: Traumkörperarbeit – Schamanische Praktiken und moderne Psychologie.* Via Nova Verlag. Petersberg 2013

Wilber, Ken: *The Integral Vision: A Very Short Introduction to the Revolutionary Integral Approach to Life, God, the Universe...* Shambhala 2007 (dt.: Integrale Vision: Eine kurze Geschichte der integralen Spiritualität. Kösel Verlag. München 2009)

Anhang 2: Muster-Businessplan

Der Businessplan ist ein Instrument, mit dem du dein unternehmerisches Vorhaben detailliert vorbereiten und strukturieren kannst. Es ist nicht für jede Gründung notwendig, einen solch ausführlichen Plan zu entwerfen, bei größeren oder komplexeren Unternehmungen aber sehr hilfreich. Unbedingt einen Businessplan erstellen musst du, wenn du für dein Vorhaben eine Bank-Finanzierung bekommen, den Gründungszuschuss oder Einstiegsgeld beantragen, geschäftliche Teilhaber gewinnen oder an bestimmten Gründer-Wettbewerben teilnehmen willst.

Der Businessplan besteht aus zwei Teilen, einem Text- und einem Zahlenteil. Für beide Teile habe ich hier ein Muster erstellt, das sich an der ganzheitlichen Grundorientierung dieses Buches und zugleich an den betriebswirtschaftlichen Notwendigkeiten orientiert. Die Inhalte müssen natürlich auf jedes geschäftliche Vorhaben adaptiert werden, das heißt die darin vorkommenden Fragen sind je nach Gründungsvorhaben unterschiedlich zu gewichten.

Es kann auch spannend und hilfreich sein, für eine anstehende geschäftliche Erweiterung oder Neuausrichtung einen Businessplan zu erstellen. Dadurch machst du aus Ideen Ziele und aus Träumen Fakten. Du kannst dann genau erkennen, wie ausgereift und stimmig dein Konzept ist, und überprüfen, ob es andere Menschen überzeugt, indem du es ihnen vorstellst.

Konzept zur Gründung der/des/von

....

....

....

....

Gründung am...

Gründerin/Gründer

privat

Name..

Straße, Nr...

PLZ, Ort ....

Tel.: ....

Mobil: ....

E-Mail: ....

geschäftlich

Name ....

Straße, Nr. ....

PLZ, Ort ....

Tel.: ....

Mobil: ....

E-Mail: ....

Web: ....

Inhaltsverzeichnis

0. Executive Summary
1. Unternehmen: Werte, Ziele & Vision
2. Inhaber: Ressourcen & Potenziale
3. Zielgruppen
4. Markt
5. Wettbewerb
6. Kundennutzen & Positionierung
7. Marketing & Vertrieb
8. Management, Führung & Team
9. Perspektiven
10. Finanzplan
11. Szenarioanalyse
12. Anhang

0. Executive Summary

Zentrale Fragen:

- In welcher Branche wirst du mit deinem Produkt bzw. deiner Dienstleistung tätig?
- Welche Kompetenzen und Qualifikationen zeichnen den/die Firmeninhaber aus?
- Wer sind deine Kunden, welche Zielgruppen bedienst du?
- Was ist dein Markt, was kennzeichnet ihn und welche Potenziale weist er auf?
- Was sind die Stärken und Schwächen deiner wichtigsten Mitbewerber?
- Was unterscheidet dich von den Mitbewerbern? Was machst du anders bzw. besser? Was sind deine Alleinstellungsmerkmale?
- Wie erreichst du deine Zielgruppen, wie organisierst du den Vertrieb und das Marketing?
- Welchen Aufbau hat dein Unternehmen, wie ist es organisiert?
- Was sind die Chancen und Risiken deines Vorhabens?
- Wie gehst du bei der Umsetzung vor?
- Welche Investitionen sind notwendig? Wie werden sich Umsatz, Kosten und Gewinne in den ersten Jahren entwickeln?

1. Unternehmen: Werte, Ziele & Vision

Zentrale Fragen:

- → Was sind deine unternehmerischen Ziele, was ist deine Vision und Mission?
- → Für welche Werte steht dein Unternehmen?
- → Was genau macht dein Unternehmen?
- → Was sind deine Angebote/Produkte?
- → In welcher Branche bist du tätig?
- → Wann gründest du dein Unternehmen?
- → Welche Rechtsform hat es?
- → Wo ist der Unternehmenssitz, und warum hast du ihn gewählt?
- → Welchen Preis haben deine Angebote/Produkte?
- → Wo und wie werden sie verkauft?

2. *Inhaber: Ressourcen & Potenziale*

Zentrale Fragen:

→ Welche fachlichen Qualifikationen hast du für das neue Unternehmen?
→ Welche Branchenkenntnisse hast du?
→ Welche kaufmännischen und unternehmerischen Qualitäten bringst du mit?
→ Wo hat du sie erworben?
→ Teamgründung: Welche fachlichen/unternehmerischen Qualifikationen haben die einzelnen Gesellschafter? Wer ist im Unternehmen wofür zuständig?
→ Was ist deine Motivation für die neue Selbstständigkeit?
→ Wo sind deine Grenzen hinsichtlich der geplanten Selbstständigkeit, und wie gehst du damit um?
→ Welche Vorschriften bzw. Voraussetzungen gibt es für die geplante Selbstständigkeit? Wie kannst du sie erfüllen?

3. Zielgruppen

Zentrale Fragen:

→ Wie weit ist dein Aktionsfeld: regional – national – international?
→ Sind deine Kunden Privatpersonen, Unternehmen oder beides?
→ Welche speziellen Eigenschaften oder Merkmale haben deine Kunden? Kannst du sie in verschiedene Gruppen unterteilen?
→ Privatpersonen – welche Menschen sind deine Kunden: Alter, Geschlecht, Beruf, Interessen, etc.?
→ Unternehmen – welche Firmen sind deine Kunden: Branche, Größe, Ort, Struktur, etc.?
→ Welche konkreten Bedürfnisse haben deine Kunden?
→ Welche Kunden sind für dein Unternehmen am wichtigsten und warum?

4. Markt

Zentrale Fragen:

- → Was ist dein Markt? Wie kannst du ihn beschreiben und eingrenzen?
- → Welche Strukturen und Eigenschaften hat dein Markt?
- → Wodurch wird dieser Markt beeinflusst, wie entwickelt er sich und warum?
- → Wie groß ist dieser Markt – jetzt und in Zukunft?
- → Welchen Marktanteil strebst du an?
- → Wie und wodurch willst du den Markt beeinflussen und mitgestalten?

5. *Wettbewerb*

Zentrale Fragen:

→ Wie viele Wettbewerber gibt es bereits?
→ Wer sind sie und was genau bieten sie an?
→ Welche speziellen Eigenschaften und Merkmale haben sie?
→ Wer sind die wichtigsten Wettbewerber und warum?
→ An welchen orientierst du dich und warum?
→ Welche Preise erzielen deine Wettbewerber? Gibt es Unterschiede, und worauf beruhen sie?
→ Wie profitabel sind die Wettbewerber?
→ Welche Strategien verfolgen die Wettbewerber? Wie setzen sie sie um?
→ Was sind die Stärken und Schwächen deiner Wettbewerber?
→ Wie werden die Wettbewerber auf deinen Markteintritt reagieren?

6. Kundennutzen & Positionierung

Zentrale Fragen:

→ Was ist der konkrete Nutzen deiner Angebote/Produkte für die Kunden?
→ Auf welche Weise verbesserst du das Angebot in deiner Branche?
→ Worin unterscheidest du dich von deinen Wettbewerbern?
→ Welche besonderen Qualitäten zeichnen dein Unternehmen aus?
→ Was macht dein Unternehmen aus der Sicht der Kunden einzigartig?
→ Welche Besonderheiten wirst du speziell hervorheben?

7. Marketing & Vertrieb

Zentrale Fragen:

→ Wie bringst du deine Angebote/Produkte zu den Kunden?
→ Welche Zielgruppen erreichst du auf welchen Wegen?
→ Erreichst du deine Kunden direkt oder über Zwischenhändler?
→ Wie stellt sich dein Unternehmen dar (Name, Logo, Corporate Design, Website, etc.)?
→ Gibt es Referenzen, Empfehler oder Partner, die genannt werden dürfen?
→ Welche Werbemaßnahmen hast du geplant?
→ Welche Kundendaten benötigst du und wie gewinnst du sie?
→ Zu welchen Kunden oder Partnern bestehen bereits Kontakte?
→ Welche Aktivitäten planst du zum Markteintritt?

8. Management, Führung & Team

Zentrale Fragen:

- Was sind die Hauptaufgaben deines Unternehmens?
- Wie sind die praktischen Abläufe organisiert? Wer macht wann was?
- Welche zusätzlichen Aufgaben fallen an und werden ggf. delegiert bzw. ausgelagert?
- Wie ist die Buchführung und steuerliche Handhabung organisiert?
- Wer übernimmt im Unternehmen die Verantwortung für welche Bereiche?
- Brauchst du Mitarbeiter, wie viele und wofür?
- Welche räumlichen und technischen Strukturen werden benötigt?
- Wie ist die Kooperation mit Partnern und Dienstleistern organisiert?
- Wie gewährleistest du ein effektives Controlling?

9. Perspektiven

Zentrale Fragen:

→ Was kann dazu führen, dass sich dein Geschäft anders entwickelt als geplant – besser oder schlechter?
→ Welche bekannten Risiken bestehen, und wie gehst du mit ihnen um?
→ Wie wirst du genügend Kunden gewinnen?
→ Wie wirst du den Umsatz und den Gewinn stabilisieren und sichern?
→ Welche weiteren geschäftlichen Aktivitäten kannst du dir vorstellen?
→ Wie ist dein Zeitplan, welche Meilensteine auf dem Weg zum Ziel sind am wichtigsten?

10. Finanzplan

Zentrale Fragen:

- → Welche Investitionen planst du und wofür?
- → Was wird neu angeschafft, was ist bereits vorhanden?
- → Welche Gründungskosten sind zu erwarten und wofür?
- → Welche laufenden Kosten sind zu erwarten und wofür?
- → Wie viel musst du verdienen, um alle Kosten zu decken?
- → Auf welchen Grundannahmen beruht deine Umsatzplanung?
- → Wie entwickelt sich dein Geschäft in den ersten Monaten und warum?
- → Woher kommt dein Startkapital?
- → Wie sicherst du die Liquidität?
- → Wie viel Fremdkapital benötigst du, und woher kommt es?
- → Muss Umsatzsteuer berechnet und abgeführt werden?
- → Wie hoch sind deine Lebenshaltungskosten und privaten Ausgaben?

11. Szenarioanalyse

Zentrale Fragen:

- → Wie kannst du sicherstellen, dass deine Planung erfolgreich umgesetzt wird?
- → Wie wirst du reagieren, wenn die Realität stark von der Planung abweicht?
- → Was ist das bestmögliche Szenario, das du dir vorstellen kannst?
- → Was ist das schlechteste Szenario, das du dir vorstellen kannst?

12. Anhang

- Lebenslauf
- Zeugnisse
- Gesellschaftsvertrag bei Teamgründungen
- Kopie der Gewerbeanmeldung oder Anmeldung beim Finanzamt
- Notwendige Genehmigungen und Nachweise, z.B. Eintragung in die Handwerksrolle, Betriebserlaubnis, Konzession, Approbationsurkunde, etc.
- Bei Übernahme oder Beteiligungen: die letzten Jahresabschlüsse des Betriebs (Einnahme-Überschuss-Rechnung oder Bilanz und Gewinn- und Verlustrechnung)
- Bei Handelsvertretern oder Franchise-Nehmern: zugrunde liegende Verträge

Kapitalbedarf I: Investitionsplan/einmalige Kosten

Neuanschaffungen/Anfangsinvestitionen

Betriebs-Kfz (Neuanschaffung/Leasingzahlung)	
Maschinen, Geräte, Werkzeuge	
Büromöbel/Ladeneinrichtung	
Warenlager	
PC/Laptop/Kasse	
Software	
Drucker	
Netzwerk	
Sonstige Hardware	
Telefon/ISDN-Neuanschluss	
DSL-Neuanschluss	
Geschäftsunterlagen (Visitenkarten, Briefpapier, Website etc.)	
Werbung/Marketing zur Eröffnung	

Zwischensumme 1	

Büro/Laden

Maklerprovision	
Mietkaution	
Bauliche Änderungen	
Anschaffung Grundstück/Gebäude	

Zwischensumme 2	

Gründungskosten

Gewerbeanmeldung	
Eintragung ins Handelsregister/Notarkosten	
Erstberatung Steuerberater	
Gründungsberatung/Coaching	
Markenschutz	
Einmalige Lizenzgebühr	
Zwischensumme 3	

Gesamtsumme (1+2+3)

Kapitalbedarf II: Betriebsmittel/laufende Kosten

Fixe Betriebskosten

monatlicher Durchschnitt in den ersten 12 Monaten

Miete/Pacht für Büro/Laden	
Mietnebenkosten	
Betriebliche Versicherungen (Berufshaftpflicht etc.)	
Beträge (Kammern, BG, Berufsverbände etc.)	
Gebühren	
Betriebssteuern (Gewerbesteuer etc.)	
Fahrzeugkosten (Kfz-Steuer, Versicherungen, Stellplatz, Reparatur, Benzinkosten etc.)	
Leasingraten	
Reisekosten (mit Privatwagen gefahrene km, öffentliche Verkehrsmittel wie Flug, Bahn, Taxi etc.)	
Ausgaben für Werbung, PR, Repräsentation, Bewirtung	
Weiterbildung	
Instandhaltung Geräte, Maschinen (Wartung, Reparatur, Ersatz etc.)	
Bürobedarf, Kopien	
Fachzeitschriften, -bücher	
Web-Hosting	
Mobiltelefon	
Telefon, Fax, Internetzugang	
Porto und Kurier	
Buchhaltung, Steuer- und Rechtsberatung	
Nebenkosten des Geldverkehrs (Geschäftskonto etc.)	

Zwischensumme 1	

Variable Kosten

monatlicher Durchschnitt in den ersten 12 Monaten

Wareneinsatz	
Freie Mitarbeiter	
Provisionen	

Zwischensumme 2	

Personalkosten

monatlicher Durchschnitt in den ersten 12 Monaten

Löhne und Gehälter	
Arbeitgeberanteil Renten-, Kranken-, Pflege-, Arbeitslosen-Versicherung	
Sonstige Personalkosten	

Zwischensumme 3	

Zinsen

monatlicher Durchschnitt in den ersten 12 Monaten

Zwischensumme 4	

Abschreibungen

monatlicher Durchschnitt in den ersten 12 Monaten

Zwischensumme 5

Gesamtsumme (1+2+3+4+5)	

Umsatzplanung

Monat ab Gründung	1	2	3	4	5
Kalendermonat					
Arbeitstage im Monat					
– Akquise etc.					
– Verwaltung etc.					
– Weiterbildung etc.					
– geschlossen (Urlaub etc.)					
– Puffer für Krankheit etc.					
= Umsatzwirksame Tage					
Umsatz					
Anzahlung/Teilzahlung					
+ Zahlung im selben Monat					
+ Zahlung im Folgemonat					
+ Zahlung in zwei Monaten					
– Zahlungsausfall					
= Summe Zahlungseingang					

6	7	8	9	10	11	12	
							Summe 12 Monate

Liquiditätsplan

Monat ab Gründung	1	2	3	4
Monat kalendarisch				
Bestand an liquiden Mitteln (1)				
Kasse				
Konto				
Einnahmen				
Kreditauszahlungen				
Forderungen/Geldeingang				
Anzahlungen/Geldeingang				
Bareinnahmen				
Vereinnahmte Umsatzsteuer				
Vom Finanzamt erstattete Vorsteuer				
Sonstiges				
Privateinlagen				
Gesamteinnahmen (2)				
Ausgaben				
Gehälter, Löhne, Sozialabgaben				
Wareneinkauf/Lieferanten				
Bareinkäufe				
Provisionen				
Sonstige Betriebsausgaben (Fixkosten)				
Bezahlte Vorsteuer				
An Finanzamt abgeführte Umsatzsteuer				
Tilgung von Krediten				
Zinsen				
Betriebliche Steuern (Gewerbesteuer etc.)				
Sonstiges (Investitionen)				
Privatentnahmen				
Gesamtausgaben (3)				
Ergebnis (2–3)				
Überschuss (+)/Unterdeckung (-)				
Liquidität (1+2-3)				

5	6	7	8	9	10	11	12

Finanzplanung

Kostenplan

	Monat	Jahr
Personalkosten		
+ Sonstige Betriebsausgaben:		
Fixe Betriebskosten		
Variable Kosten		
+ Zinsen		
+ Abschreibungen		
= Gesamtkosten		

Umsatz- und Rentabilitätsvorschau

	1. Jahr	2. Jahr	3. Jahr
Umsatz/Jahr			
- Variable Kosten			
= Rohertrag I			
- Personalkosten			
= Rohertrag II			
- Fixe Betriebskosten			
= Cash Flow			
- Zinsen			
- Abschreibungen			
= Ergebnis vor Steuern			

Finanzierungsmittel

1. Eigenmittel

Eigenkapital	
Sacheinlagen	

2. Langfristiges Fremdkapital

Fördermittel-Kredit	
Hausbank-Kredit	
Darlehen von Verwandten etc.	

3. Kurzfristiges Fremdkapital

Dispokredit	
Lieferantenkredit	

Finanzierungsmittel 1+2+3 gesamt	

Anhang 3: Profilentwicklung mit der Engpasskonzentrierten Strategie

Die Engpasskonzentrierte Strategie (EKS) wurde Ende der 1960er-Jahre vom Systemforscher Prof. Wolfgang Mewes entwickelt. Der Bundesverband StrategieForum e.V. widmet sich ihrer Umsetzung bei aktuellen unternehmerischen Fragestellungen, die Rechte liegen bei der Malik Management Zentrum St. Gallen AG, dem von Prof. Dr. Fredmund Malik geführten Unternehmen für ganzheitliche Management-Systeme.

Mewes versteht die EKS als Instrument zur ganzheitlichen Steuerung eines Unternehmens, aber auch zur beruflichen Entwicklung einer Einzelperson. Beides wird als lebendiger Organismus behandelt, der dann erfolgreich ist, wenn er der Zielgruppe einen größtmöglichen Nutzen bietet.

Ziel des unternehmerischen Strebens in der EKS ist nicht die Gewinnmaximierung, sondern die Maximierung des Nutzens für die Zielgruppe. Finanzieller Erfolg und die mittel- bis langfristige Marktführerschaft im jeweiligen Segment sind die angestrebten Folgen.

Ich nutze die EKS immer dann, wenn es darum geht, für Klienten ein einzigartiges geschäftliches Profil zu entwerfen und die dazu passende Marketing- und Kommunikationsstrategie zu entwickeln. Manches klingt zunächst banal und selbstverständlich, bei konsequenter und gründlicher Umsetzung bringt ihre Anwendung aber wahre Diamanten zum Erstrahlen!

Die vier EKS-Prinzipien

Die Engpasskonzentrierte Strategie befasst sich mit dem optimalen Kräfteeinsatz für Unternehmungen und Privatpersonen. Sie konzentriert sich auf die Engpässe, das heißt die wichtigsten Bedürfnisse der jeweiligen Zielgruppe. Die vier Grundprinzipien stehen für ein Denken und Handeln jenseits der Produktorientierung zugunsten des größtmöglichen Nutzens:

Prinzip 1 – Konzentriere deine Kräfte auf Stärkenpotenziale und baue Verzettelung ab:
Analysiere deine Stärken und baue sie zu einer Spitzenleistung aus. Setze deine Sinne, Kräfte und Mittel nicht breit und verzettelt, sondern spitz und konzentriert ein.

Prinzip 2 – Orientiere deine Kräfte auf eine engumrissene Zielgruppe:
Richte dich nicht an alle, sondern fasse Fuß in einer klar definierten und abgegrenzten Zielgruppe. Die zunächst kleine und schmale Gruppe erweitert sich mit der wachsenden Anziehungskraft von selbst.

Prinzip 3 – Geh in die Lücke, in die Nische:
Entwickle dich nicht nach dem Mainstream und nach dem, was alle wollen, sondern konzentriere dich auf die Lösung des größten Problems deiner Zielgruppe. Löse den Engpass, der sie am stärksten in ihrer Entwicklung behindert.

Prinzip 4 – Tiefe statt Breite:
Entwickle dich nicht in die Breite, sondern in die Tiefe der Zusammenhänge, das heißt auf die zentralen Probleme der Zielgruppe zu. Damit wächst automatisch deine Bedeutung für die Zielgruppe. Strebe dann die Marktführerschaft an.

Die sieben EKS-Phasen

Für die Umsetzung der vier Prinzipien hat Wolfgang Mewes sieben Phasen entwickelt. Ihre Umsetzung führt zu erfolgreichen Lösungen, wertvollen Ergebnissen und konzentriert deine Kräfte auf die entscheidenden Faktoren:

Phase 1 – Stärkenanalyse
Welche besonderen Stärken haben du und dein Unternehmen? Was hast du deinen Mitbewerbern voraus? Analysiere die Ist-Situation und beschreibe deine speziellen Stärken als Kernkompetenz. Am Ende steht ein klares persönliches und geschäftliches Profil.

Phase 2 – Erfolgversprechendes Geschäftsfeld
Erforsche dein am meisten erfolgversprechendes Geschäfts- bzw. Aktionsfeld: Für die Lösung welcher Aufgaben und Probleme bist du durch dein Stärkenprofil optimal geeignet?

Phase 3 – Zielgruppenbestimmung
Welche Zielgruppe hat genau die Probleme, die du am besten lösen kannst? Bei dieser am meisten erfolgversprechenden Zielgruppe entwickelt dein Potenzial die größtmögliche Anziehungskraft. Im gezielten Dialog mit ihr findest du heraus, welche Probleme sie wirklich hat.

Phase 4 – Brennendes Problem der Zielgruppe
Wie kannst du deine Problemlösung so profilieren und weiterentwickeln, dass du das brennendste Problem, den größten Entwicklungsengpass deiner Zielgruppe lösen kannst? Differenziere die Zielgruppe weiter und trete intensiv mit ihr in den Dialog.

Phase 5 – Innovation

Durch Innovation schaffst du die Problemlösung für den Zielgruppenengpass. Mit der Kenntnis des Engpasses und deiner Stärken entwickelst du Innovationen mit automatischem Nutzen für die Zielgruppe.

Phase 6 – Kooperation

Um innovative Lösungen anbieten zu können, ohne dich selbst zu verzetteln, finde die passenden Kooperationspartner. Mit eurem gemeinsamen Stärkenprofil werden spezielle Problemlösungen möglich und weitere kundenorientierte Produkte geschaffen.

Phase 7 – Soziales Grundbedürfnis und Marktführerschaft

Hinter fast jedem Problem steckt ein zugrunde liegendes Thema, am Ende der Kette steht meist ein soziales Grundbedürfnis. Indem du unter Berücksichtigung dieses Grundbedürfnisses der Zielgruppe die Probleme nachhaltig löst, erreichst du die Marktführerschaft im eigenen klar definierten Marktsegment.

Stichwortregister